Hilfsbuch
für
raum- und außenklimatische Messungen

Mit besonderer Berücksichtigung des Katathermometers

Von

Franz Bradtke und Walther Liese

Mit 20 Zahlentafeln
und 30 Abbildungen im Text

Springer-Verlag Berlin Heidelberg GmbH
1937

© Springer-Verlag Berlin Heidelberg 1937
Ursprünglich erschienen bei Julius Springer in Berlin 1937
Softcover reprint of the hardcover 1st edition 1937

ISBN 978-3-662-40689-2   ISBN 978-3-662-41171-1 (eBook)
DOI 10.1007/978-3-662-41171-1

Vorwort.

Dieses Buch wendet sich an solche Kreise, die sich der wissenschaftlichen Forschung wegen oder zwecks Durchführung praktischer Aufgaben, wie laufende Beobachtungen, Betriebsüberwachungen, Gutachten und Abnahmeprüfungen, mit raum- und außenklimatischen Messungen beschäftigen müssen. Es soll als Wegweiser bei derartigen Arbeiten dienen und vor allem die notwendigen Vorbereitungen dazu erleichtern helfen. In diesem Sinne wird es hygienischen Sachverständigen, Heizungs- und Lüftungsingenieuren, technischen und ärztlichen Gewerbeaufsichtsbeamten wie auch Kurortmeteorologen und auf bioklimatischem Gebiete tätigen Ärzten und Meteorologen nützen können.

Es ist ein „Hilfsbuch" mit ausgesprochen praktischer Zielsetzung. Daraus folgt notgedrungen, daß sowohl bei der Auswahl des Stoffes als auch hinsichtlich der Darstellungsbreite der behandelten Fragen Beschränkungen bestanden. Wir sind uns dabei im besonderen der Tatsache bewußt, daß die physikalische Beschaffenheit einer Umgebungsluft allein noch keine erschöpfende Beurteilung ihrer Wirkung auf die menschliche Behaglichkeit, Gesundheit und Leistungsfähigkeit erlaubt. Andererseits ist jedoch nicht zu bestreiten, daß für die Abschätzung und Kennzeichnung dieser Wirkung schon viel erreicht ist, wenn der sie verursachende Luftzustand durch zweckmäßige Messungen physikalisch genügend genau erfaßt und mit den Meßergebnissen in einfacher Weise beschrieben werden kann. Aus diesem Grunde ist aus der Reihe alter und neuer Temperaturbegriffe und Behaglichkeitsmaßstäbe die mit dem Katathermometer leicht meßbare Abkühlungsgröße besonders eingehend behandelt worden. Wie der mit dem Gegenstand vertraute Leser bemerken wird, enthält der katathermometrische Abschnitt des Buches auch verschiedene noch nicht veröffentlichte, die Abkühlungsgröße betreffende Entwicklungen und Untersuchungsergebnisse. Diese Größe dürfte nach unserer auf eigenen Erfahrungen beruhenden Ansicht in Zukunft noch eine erhebliche Rolle spielen; nur muß sie in richtig verstandener Weise angewendet werden, was bisher nicht immer der Fall gewesen ist. Da sie auch für außenklimatische Untersuchungen von Nutzen ist, haben wir im letzten Abschnitt des Buches noch ihre Verwertung für diese Zwecke kurz behandelt.

Die zahlreichen Schrifttumshinweise sind so ausgewählt worden, daß von ihnen aus der Weg zu anderen einschlägigen Veröffentlichungen, die aus Raumgründen nicht gebracht werden konnten, leicht gefunden werden kann.

Es sollte uns freuen, wenn das Hilfsbuch eine wohlwollende Aufnahme finden würde. Kritik, Anregungen und Verbesserungsvorschläge, die aus der Praxis kommen, werden uns jederzeit willkommen sein.

Berlin, im September 1937.

Dr. phil. habil. Franz Bradtke
Oberingenieur der Versuchsanstalt
für Heiz- und Lüftungswesen
an der Technischen Hochschule Berlin.

Dr. Walther Liese
Regierungsrat
im Reichsgesundheitsamt
Berlin.

Inhaltsverzeichnis.

I. Biophysikalische Grundtatsachen zum menschlichen Wärmehaushalt.

1. Die Temperaturempfindung. Für hygienische und arbeitsklimatische, dann aber auch für bioklimatische und meteorologische Untersuchungen, wie sie heute für mannigfache Aufgaben durchgeführt werden, spielt der Begriff der *Temperaturempfindung* beim Menschen eine wichtige Rolle. Zu ihrer möglichst genauen Kennzeichnung besteht in der klima-physiologischen Forschung seit langem der Wunsch, eine Formel zu finden, welche die sie beherrschenden Elemente unter Verwendung der Hauttemperatur als einheitlicher Bezugsgröße für den menschlichen Körper zusammenfaßt.

Von der Auffassung ausgehend, daß die Beziehungen zwischen bestimmten Luftzuständen und ihrer schon früh erkannten Wirkung auf die Hauttemperatur des Menschen einer einfachen physikalischen Gesetzmäßigkeit gehorchen müßten, stellte VINCENT[1] bereits 1890 auf Grund von über 300 Einzelmessungen seine bekannte Formel

$$t_H = 26{,}5 + 0{,}3\,t_L + 0{,}2\,E - 1{,}2\,w$$

auf.

Hierin bedeutet

t_H = die am Daumenballen mittels Quecksilberthermometer gemessene Hauttemperatur,

t_L = die Lufttemperatur,

E = die Differenz zwischen gewöhnlichem und geschwärztem Thermometer,

w = die Windgeschwindigkeit in m/s.

Die Luftfeuchtigkeit tritt übrigens in dieser Formel nicht in die Erscheinung, weil VINCENT keinen derartigen Einfluß feststellen konnte.

Diese Formel ist später von REICHENBACH und HEYMANN[2] mit verbessertem Meßverfahren (thermoelektrische Messung) und auch kritisch überprüft worden. In ihrer sehr lesenswerten Darstellung kommen sie zu dem Schluß, daß zwischen Lufttemperatur

---

[1] Ciel et Terre, 1890.   [2] Z. Hyg. **57**, 1 (1907).

und Stirntemperatur nur dann eine gesetzmäßige Abhängigkeit besteht, wenn physiologische Einflüsse möglichst ausgeschaltet sind. Die von ihnen angegebene Formel lautete

$$t_H = a + b\,t_L,$$

worin

$t_H =$ die an der Stirn gemessene Hauttemperatur,

$t_L =$ die Lufttemperatur und

a und $b =$ zwei Konstanten bedeuten, die für zwei Versuchspersonen zu 25,8 und 25,0 bzw. 0,30 und 0,34 bestimmt worden sind.

Der Fortschritt gegenüber den VINCENTschen Bemühungen liegt zweifellos in der genauen Begrenzung der physiologischen Anwendungsbreite, die eben nur bei erträglichen Luftzuständen möglich wird, in denen die Lufttemperatur das praktisch ausschlaggebende Klimaelement ist. Beide Formeln können in dieser einfachen linearen Gestalt aber trotzdem nicht als mathematischer Ausdruck einer exakten physiologischen Gesetzmäßigkeit gelten.

Vor allem ist zu bedenken, daß die wichtigen Klimaelemente Wind und Feuchtigkeit je nach der Umgebungstemperatur — und infolge Gewöhnung im Einzelfall wiederum verschieden stark — für den menschlichen Körper wärmesteigernd und wärmehindernd wirken können, und daß schließlich seine Wärmebildung je nach den Umständen verschieden groß sein kann. Einem bestimmten, z. B. auch einem vom Fieber beeinflußten Stoffwechsel entspricht eine bestimmte durchschnittliche Oberflächentemperatur des Körpers. Im Rahmen des gesamten Wärmehaushaltes ist die Hauttemperatur also als eine gebundene Größe aufzufassen, wodurch zugleich die Unterschiede erklärlich werden, wie sie durch Lebensalter, Geschlecht, psychische Einwirkungen, ferner durch Nahrungsaufnahme und schließlich durch Kleidung, Arbeit usw. gegeben sind (vgl. IPSEN[1]).

Das Verhalten des Körpers bei verschiedenen klimatischen Umweltsbedingungen ist alles in allem kein Vorgang, der für die beteiligten Funktionen des Organismus passiver Art ist. Der lebende Körper wirkt vielmehr mit *eigener* physiologischer Gesetzmäßigkeit höchst aktiv mit. Infolgedessen verhält er sich hinsichtlich der Abkühlung und Wasserverdunstung in einer bestimmten Umgebung oftmals anders, als es ein anorganischer Körper nach den dafür gültigen physikalischen Gesetzen tun muß.

2. Die Wärmebildung. Auf die Besprechung der einzelnen thermochemischen und thermodynamischen Vorgänge beim Lebensprozeß kann hier verzichtet werden. Nur so viel sei gesagt,

---

[1] Hauttemperaturen. Leipzig: G. Thieme 1936.

daß die beim Stoffwechsel entstehende Wärme kein bloßes Neben-
produkt ist, das rein zufällig bei der Oxydation der zur Ernährung
zugeführten Kohlenstoffverbindungen entsteht, sondern daß sie
auch vom Standpunkt einer für das Zellenleben notwendigen
Energielieferung gewürdigt werden muß. Darauf ist hinzuweisen,
weil unter den gewöhnlichen Lebensbedingungen die gebildete
Wärme praktisch meist als vom Körper fortzuschaffende „Überschußwärme" in die Erscheinung tritt.

Zahlentafel 1.

Zustand	Wärmeabgabe in kcal/h	
	Neue Werte	Alte Werte
Im Bett liegend	60	—
Sitzend	63	94
Stehend	66	109
Lebhaft gehend	180	436
Höchste körperliche Anstrengung .	660	644

Über die *Größe* der *Wärmebildung* sind wir durch eingehende
Versuche hinreichend genau unterrichtet. Neuere, im CARNEGIE-
Institut von BENEDICT[1] durchgeführte Untersuchungen ergaben
als stündliche Wärmeabgabe für den erwachsenen Mann die in
Zahlentafel 1 aufgeführten Werte. Diese Messungen sind stets
12 Stunden nach der letzten Nahrungsaufnahme durchgeführt
worden und gaben vermutlich aus diesem Grunde fast durchweg
niedrigere Werte, als sie früher von anderen Untersuchern angegeben worden sind (alte Werte). *Geistige* Arbeit bewirkt nur
ganz unwesentliche Steigerung der Verbrennungswärme. Daß
sich aber auch bei dieser Art von Arbeit infolge der Gehirntätigkeit
wichtige Veränderungen im Organismus abspielen, beweist z. B.
die regelmäßige, wenn auch im Einzelfall verschieden starke Zu-
nahme des Phosphorsäuregehaltes im Blut (KESTNER-KNIPPING[2]).
In Untersuchungen an Schulkindern traten die ungünstigen
Wirkungen eines schlechten Luftzustandes bereits klar zutage,
wenn von körperlichen Störungen noch keine Rede war (SCHWARZ[3]).
Selbst die erhebliche Steigerung der Wärmebildung infolge
körperlicher Arbeit ist aber gewöhnlich nahezu ohne Einfluß auf
die *Innentemperatur* des Körpers, die beim erwachsenen Menschen
im Mastdarm bei 36,7—37,2° (in der Achselhöhle bis 0,6° tiefer)
liegt und die den ganzen Tag über weitgehend konstant gehalten
wird. Diese entschiedene Aufrechterhaltung seiner inneren Tem-

---

[1] Heat. a. Vent. **31**, 19 (1934).   [2] Klin. Wschr. **1**, 1353 (1922).
[3] Z. Hyg. **95**, 446 (1922).

peratur wird dem Körper durch *regulatorische* Einrichtungen möglich, mit deren Hilfe sowohl die Wärmebildung als auch ihre Ausgabe und der dabei beschrittene Weg zweckvoll gesteuert wird. Den eigentlichen Regelungsablauf bestimmt letzten Endes das Blut unter oberster Mitwirkung des im Zwischenhirn gelegenen Wärmezentrums. Dessen Erregungszustand bleibt bei normaler Bluttemperatur konstant, wird bei sinkender Bluttemperatur stärker und bei steigender entsprechend geringer. Demzufolge wird im ersten Fall der Stoffwechsel lebhafter und die Mittel zur Drosselung der Wärmeabgabe werden benutzt; im zweiten Falle wird der Stoffwechsel herabgesetzt, und es werden diejenigen Funktionen ausgelöst, die zur Erhöhung der Wärmeabgabe beitragen. Dabei treten Veränderungen in der Blutzirkulation und in der Wasserabgabe auf, die sich gegenseitig beeinflussen oder ergänzen können.

3. **Die chemische Wärmeregelung.** Die Änderungen der Wärmebildung — *chemische* Regelung genannt — spielen sich nur innerhalb der Grenzen des Anpassungsvermögens des Körpers ab, deren Einhaltung wir ihm durch zweckmäßige Kleidungs- und Wohngepflogenheiten erleichtern. Außerhalb dieser Grenzen tritt das umgekehrte Verhalten ein, und der Stoffwechsel sinkt bei tiefer und steigt bei hoher Temperatur. Fällt dabei die innere Körpertemperatur unter $19°$ oder erhebt sie sich über $42°$, so erlischt das Leben.

Für eine beginnende *Auskühlung* des Körpers ist die Hauttemperatur, und zwar die der Fingerhaut ein wichtiges Anzeichen. Unterhalb von Fingertemperaturen von etwa $8,5$—$6,4°$ — diese Breite ist durch persönliche Unterschiede und solche der Kältegewöhnung bedingt — pflegen Schmerzen und Zittern aufzutreten, womit eine allmählich vorschreitende Auskühlung des Organismus angekündigt wird (BÜRGERS, KORIANSKI u. a.[1]). Ebenso gibt die an der Fußsohle gemessene Hauttemperatur einen guten Einblick in Kältewirkungen und die dagegen gerichtete Regelung des Körpers. Die Änderungen der Fußtemperatur durch Abkühlungseinflüsse tritt bei den einzelnen Menschen mit guter Gleichmäßigkeit auf, obwohl die Höhe der normalen Fußtemperatur bei verschiedenen Menschen verschieden sein kann. Bekanntlich leiden nicht wenige Menschen an „kalten Füßen", wofür es bisher noch keine voll befriedigende physiologische Erklärung gibt (BACHMANN[2], IPSEN[3]).

---

[1] Z. Hyg. **107**, 1 (1927) und Arch. Gewerbepath. **7**, 319 (1936).
[2] Arch. f. Hyg. **106**, 123 (1931).
[3] a. a. O. S. 2.

Steigende Körpertemperatur führt zu den Erscheinungen *echter Wärmestauung*, die sogar unmittelbar lebensbedrohlich werden können. Erhöhungen der inneren Körpertemperatur, die wesentlich über 40° hinausgehen, müssen als sicheres Anzeichen dafür gelten, daß die Regulationseinrichtungen zur Bewahrung des Wärmegleichgewichts ihren Dienst versagen. Diesem Grenzzustand geht eine mehr oder weniger breite Zone thermischen *Unbehagens* voraus, wie es praktisch häufig die Folge eines Aufenthaltes in hochwarmer oder schwüler Luft (FLÜGGE[1]) ist. Die Hauttemperatur an der Stirn steigt in solchen Fällen über ihre normalen Werte zwischen 30 und 32° an, um in einer Luft von etwa Körpertemperatur demselben Zahlenwert zuzustreben. Die beginnende Schwere einer derartigen klimatischen Belastung für den Körper verrät sich auch beim Vorgang der Wasserdampfausscheidung durch die Lunge. Sie nimmt beim Auftreten von Kältegefühl deutlich zu und beim Einsetzen von Wärmegefühl ebenso deutlich ab (GALEOTTI[2]).

4. Die physikalische Wärmeregelung. In viel höherem Maße als durch Änderung der Wärmebildung bedient sich der Körper zu seiner thermischen Gleichgewichtserhaltung für gewöhnlich der Regelung der Wärmeausgabe, die *physikalische* Regelung genannt wird. Dabei stehen dem Körper folgende Möglichkeiten zur Verfügung:

1. Steigerung oder Verminderung der *Hautdurchblutung*, wodurch die Wärmezufuhr zur wärmeabgebenden Hautfläche geregelt wird.

2. Änderungen der Wasserverdunstung (über die an Zahl etwa $2^1/_2$ Millionen betragenden Schweißdrüsen) von der Haut, die sich von der *unmerklichen* Wasserabgabe bis zur profusen *Schweißüberschwemmung* der Haut als ausgesprochener *Hitzeabwehr* steigern kann. Infolge Verdunstung von 1 l Wasser kann der Körper rund 590 kcal vernichten.

3. Steigerung oder Verminderung von Zahl und Tiefe der *Atemzüge* — die Lungenoberfläche beträgt annähernd 150 m^2 —, deren Einfluß mengenmäßig auf die Bilanz der Wärmeausfuhr den beiden anderen Wegen gegenüber allerdings nicht sehr erheblich ist.

5. Die Wärmeabgabe. Eine schematische Darstellung der einzelnen Energieausfuhrposten unter Grundumsatzbedingungen sowie der eingeschlagenen Wege über Haut und Lunge gibt Abb. 1, der Berechnungen von RUBNER und BÜTTNER zugrunde gelegt worden sind. Die Ergebnisse anderer Untersucher ergeben

---

[1] Z. Hyg. **49**, 363 (1905).   [2] Biochem. Z. **46**, 173 (1912).

Zahlentafel 2.

Prozent-Verhältnis der Wärmeabgabe durch Strahlung : Strömung und Leitung	Untersucher (Literaturangabe)
Fast 100:0	Masje, 1887 (Virchows Arch. **107**, 17)
46:54	Stewart, 1891 (Stud. physiol. Lab. Manchester **1**, 101)
59:41	Rubner, 1896 (Arch. f. Hyg. **27**, 69)
Fast 91:9	Bohnenkamp u. Pasquay, 1931 (Pflügers Arch. **228**, 125)
62:38	Büttner, 1932 (Klin. Wschr. **11**, 1508)
73:27	Hardy, 1934 (J. Nutrit. **7**; Suppl. zu Nr 5, 12)

teilweise ein abweichendes Bild, wie aus Zahlentafel 2 über das *Verhältnis* der Wärmeabgabe durch Strahlung einerseits und Strömung und Leitung andererseits hervorgeht.

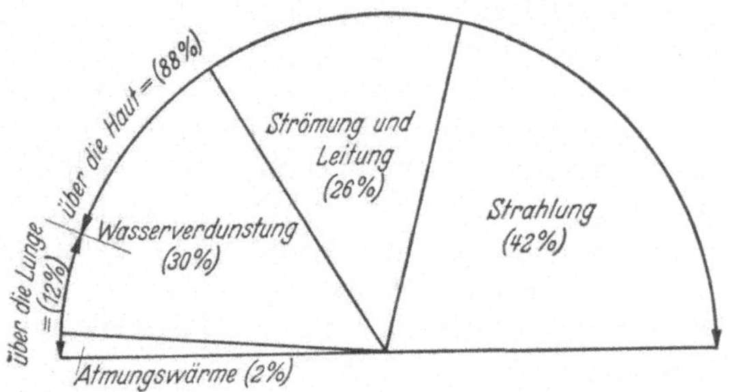

Abb. 1.   Aufteilung der Gesamtwärmeabgabe des Körpers.

Als Richtlinie kann in ruhender Umgebungsluft immerhin gelten, daß fast *die Hälfte der gesamten Energieausfuhr über die Abstrahlung vor sich geht. Etwa die Hälfte dieses Wertes beträgt der über die Strömung und Leitung abfließende Anteil, wobei die Strömungsvorgänge den bei weiten größeren Teil bewältigen.* Das gilt nur, solange sich der Körper in der Hauptsache *trocken* entwärmt, aber unter gleichzeitiger Mitwirkung der *unmerklichen* Wasserabgabe über die Haut. Theoretisch und experimentell genügend untermauert (Rubner, Wolpert, Strauss, Liese u. a.) liegt die Grenze für diese Art der Entwärmung des *ruhenden* Menschen dort, wo sich bei ungehinderter Abstrahlungsmöglichkeit die Umgebungstemperatur der Körpertemperatur annähert. Das gilt auch für bewegte Luft. Wind von gleicher oder höherer Temperatur als die Körpertemperatur wärmt den Körper regelrecht auf (vgl. Abb. 4). Die Temperatur darf dabei dann die für die Haut noch eben erträgliche Höhe von etwa 48° nicht viel überschreiten[1].

---

[1] Vgl. H. Königer: Krankenbehandlung durch Umstimmung, S. 67. Leipzig: G. Thieme 1929.

Als letzter, nicht mehr anderweitig kompensationsfähiger Ausgleich bleibt dem Körper zur Aufrechterhaltung der normalen Temperatur nur die Schweißverdunstung von der Haut übrig, was einmal das Vermögen genügender Schweißbildung und ferner ausreichende Verdampfungsmöglichkeit des Schweißes verlangt. Im allgemeinen wird nicht mehr Schweiß hervorgebracht, als der benötigten Wärmevernichtung infolge Schweißverdunstung entspricht. Menschen, die schlecht oder — infolge bestimmter Krankheiten — überhaupt nicht zur Schweißbildung befähigt sind, bleibt

sonst nur die Erhöhung der Körpertemperatur mit ihren nachteiligen Folgen übrig. Sind andererseits sehr große Wärmenachschübe infolge erheblicher körperlicher Arbeit zu bewältigen, oder liegen ungünstige Bedingungen der Umgebungsluft vor (hohe Luftfeuchtigkeit), so kann keine völlige Abdunstung des gebildeten Schweißes von der Haut mehr erfolgen und die überschüssige Menge tropft *ohne Nutzen* für die Wärmeentlastung des Körpers ab. Der Schweißverlust kann durch bloße Wasseraufnahme nicht ausgeglichen werden. Dem Organismus

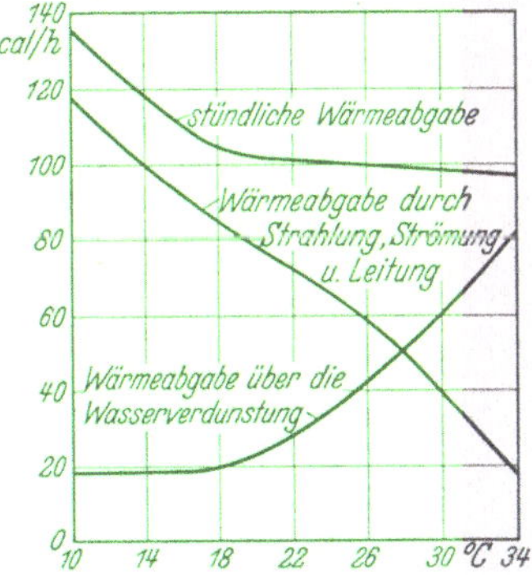

Abb. 2. Stündliche Entwärmung des Körpers in Abhängigkeit von der Lufttemperatur.

müssen nebst Wasser auch Chloride, besonders Kochsalz, zugeführt werden (MARSCHAK und DUKELSKY[1]).

Abb. 2 zeigt den Übergang von „trockener" zu „feuchter" Entwärmung *innerhalb* der physikalischen Regelung, wie er bei annähernd konstantem Stoffwechsel des nichtarbeitenden Menschen in Abhängigkeit von der Temperatur und in ruhender Luft vor sich geht, die nach Versuchswerten von RUBNER und unter Berücksichtigung von Gebrauchszahlen entworfen ist, wie sie heute in Amerika z. B. beim Bau von Bewetterungsanlagen verwendet werden[2]. Mit dem Hinweis darauf, daß dieser Übergang in weiten Grenzen fließend sein kann, läge der Punkt, wo die Warmeausfuhr schon je zur Hälfte „trocken" und „über die (bereits fühlbar werdende) Wasserverdunstung" vor sich geht, etwa bei 28°. Werden allein die RUBNERschen Werte benutzt, so würde dieser Punkt erst bei 32° liegen. Diese Unterschiede dürften sich teils durch die Eigenart der mitwirkenden Versuchspersonen, teils — und zwar vermutlich in der Hauptsache —

---

[1] Arch. f. Hyg. **101**, 325 (1929).   [2] Gesdh.ing. **55**, 505 (1932).

aus nicht voll vergleichbaren Versuchsbedingungen erklären (Feuchtigkeit und Bewegungsstärke der Luft). Es gibt außerdem Menschen, die z. B. infolge Mängel in der regulatorischen Anpassungsfähigkeit oder wegen ihrer stärkeren Fettpolsterung der Haut (STRAUSS-MÜLLER[1]) in höherem Maße als die Allgemeinheit dafür veranlagt sind, ihre Wärmeentlastung unter *stärkerer* Beteiligung der *unmerklichen* Wasserabgabe über die Haut vor sich gehen zu lassen.

Versuche, die Einblick in den Ablauf der verschiedenen Entwärmungsvorgänge beim Körper geben sollen, verlangen stets eine dem Ziel *angepaßte* Versuchsanstellung. Unter den vereinfachenden Bedingungen, wie sie „Versuche unter Grundumsatzbedingungen" (= bewegungslos liegender, nüchterner Mensch bei thermischem Wohlbehagen) abgeben, können die feinen Regelungen durch Mitwirkung der Haut und der Schleimhäute der Atmungswege klargestellt werden. Soll das Verhalten des Körpers für solche kalorimetrischen Änderungen untersucht werden, wie sie stärkere

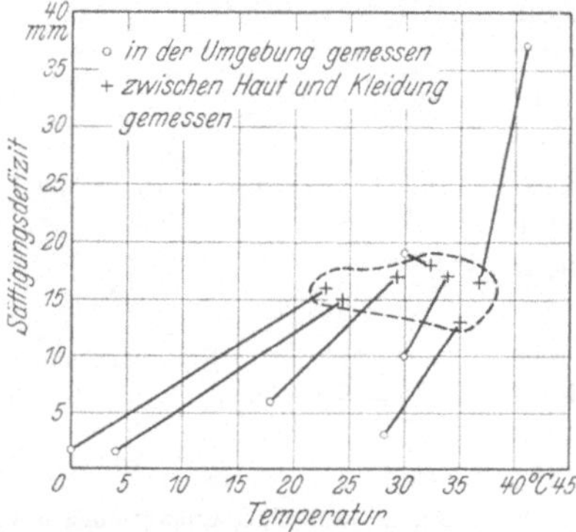

Abb. 3. Lufttemperatur und Sättigungsdefizit zwischen Haut und Bekleidung bei verschiedenen Umgebungsbedingungen.

Erwärmung oder Abkühlung durch die Umgebung auslösen, so müssen erschwerende Versuchsbedingungen gewählt werden, entweder über Eingriffe in die Wärmebildung durch dosierte, körperliche Arbeit oder durch Herstellung eines physikalisch genau bekannten, ungünstigen Klimazustandes oder schließlich durch Verbindung von beidem. Daß die Art der *Bekleidung* dabei von größtem Einfluß ist, möge Abb. 3 vor Augen führen. Die Werte sind am ruhenden, stets gleichbekleideten Menschen erhalten worden, der Lufttemperaturen zwischen 0 und 41° ausgesetzt worden war. Die unter der Kleidung gemessene Temperatur schwankte trotzdem nur zwischen 23 und 37°, das Sättigungsdefizit nur um ganze 5 mm, nämlich zwischen 13 und 18 mm (MELLANBY, MARSH u. BUXTON[2]).

6. Der Einfluß bewegter Luft. Beim ruhenden Menschen steigert *bewegte* Luft in Abhängigkeit von der Temperatur den

---

[1] Z. Hyg. **110**, 413 (1929).
[2] J. of Hyg. **32**, 268 (1932) und **37**, 254 (1937).

Wärmeanteil, der über die *unmerkliche Wasserabgabe* von der Haut abfließt. So deutlich die auf Grund neuerer Versuche (STRAUSS[1]) zusammengestellte Zahlentafel 3 diese Art der Wärmeabgabe als temperaturabhängige erkennen läßt, so wenig stark sind demgegenüber die erreichten *verstärkenden* Wirkungen durch die *zusätzliche* Luftbewegung. Das zeigt eindrucksvoll, daß den vom physikalischen Standpunkt gültigen Erwartungen vom Körper nicht entsprochen wird. Starke Luftbewegungen (z. B. Wind von 8 m/s) setzen die unmerkliche Wasserabgabe in dem Temperaturbereich von 20—35° gegenüber ruhender Luft sogar bedeutend herab; eine entgegengesetzte Wirkung tritt erst bei höheren Wärmegraden der Luft auf (WOLPERT[2]). Dasselbe Verhalten lassen auch Versuche am körperlich arbeitenden Menschen erkennen, wo unter sonst gleichen Bedingungen in ruhender Luft der *Schweißverlust* bei 25° etwa 500 g und bei 34° rund 800 g gegenüber nur 300 g und 600 g in gleich warmen Luftströmen von 1 m/s betrug (LIESE[4]).

Zahlentafel 3.

Luft-temperatur in °C	Luft-geschwindigkeit in m/s	Wärme-abgabe in kcal/h [3]
23	0	18
23	0,25	21
23	1,0	23
30	0	33
30	0,25	35
30	1,0	42
35	0	70
35	0,25	75
35	1,0	85

Der Einfluß bewegter Luft auf die Wasserabgabe ist somit kein einfacher oder „stetiger" Vorgang. Als praktisch wichtige Tatsache ist aber festzuhalten, daß die *Luftbewegung stets den Spielraum für die unmerkliche Wasserabgabe vergrößert bzw. den Beginn der fühlbaren Wasserabgabe (Schweiß) auf eine höhere Temperatur hinausschiebt.* Als weitere Erkenntnis verraten diese Ergebnisse gleichzeitig ein übergeordnetes Prinzip, nämlich das der Gegenwehr des Körpers gegen gefährlich werdende Ansprüche der Umgebung. Der Körper kann ihnen nicht so weit nachgeben, daß er „wie ein im warmen Luftstrom hängendes, feuchtes Tuch" trocknen würde. Er muß vielmehr dafür sorgen, daß sein Wasserbestand, an den das Arbeiten des Gesamtorganismus gebunden ist, nicht erst bis zur Schädigungsgrenze in Anspruch genommen wird.

Das gleiche gilt für die trockene Wärmeabgabe. Jede Luftbewegung bringt die Körperoberfläche dauernd mit neuen Luft-

---

[1] Klin Wschr. **12**, 449 (1933).   [2] Hyg. Rdsch. **7**, 641 (1897).
[3] 1 g H_2O = 0,58 kcal bei mittlerer Hauttemperatur.
[4] Arch. f. Hyg. **104**, 24 (1930).

massen in Berührung, die besonders bei Wind sehr groß werden können. Dadurch können die Wärmeabflüsse über die Strömung und Leitung unter Umständen so gesteigert werden, daß der Körper zur Einschränkung der Wärmeausfuhr eine entsprechende Änderung seiner Oberflächentemperatur vornehmen muß. In welchem Ausmaß das geschieht, hängt im Einzelfall von der Stärke des Windes oder dem Temperaturunterschied zwischen Körperoberfläche und Umgebungstemperatur sowie vom Zustand des Menschen, der Art der Kleidung usw. ab.

Versuche von KISSKALT[1] mit gleich starken, verschieden warmen Luftströmen ergaben für das Verhalten des nackten Menschen im Zustand vor und nach der Bewindung das aus Zahlentafel 4 ersichtliche Bild.

Zahlentafel 4.

Luft-temperatur in °C	Absenkung der Hauttemperatur um °C
34,0	0,6
27,5	2,5
23,5	6,5
18,1	7,4

Wurde mit verschieden starken Luftströmen gleicher Temperatur gearbeitet, so änderte sich die Haupttemperatur gemäß Abb. 4, die nach Versuchen von STRAUSS und LIESE[2] am ruhenden und leicht bekleideten Menschen entworfen worden ist. Jedenfalls sieht man, daß einem durch Zusammenwirken von Temperatur und Luftbewegung verursachten stärkeren Wärmeentzug in deutlich *gesetzmäßiger* Weise durch Herabsetzen der Hauttemperatur entgegengewirkt wird.

Wenn bewegte, kühle Luft unbehaglich oder lästig empfunden wird, so pflegt gemeinhin von „*Zugluft*" gesprochen zu werden. In

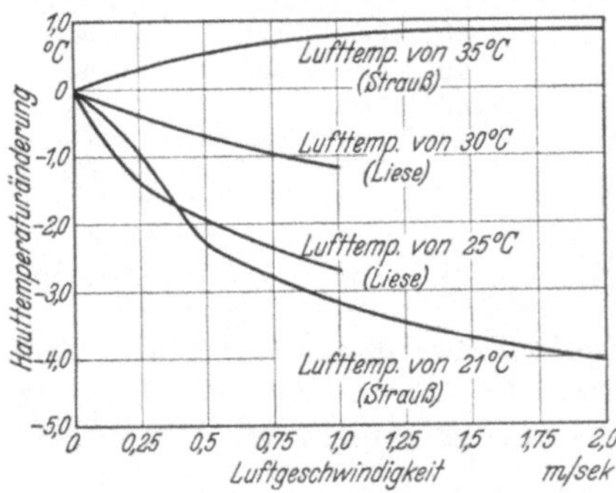

Abb. 4. Änderung der Hauttemperatur durch bewegte Luft verschiedener Temperatur.

ihrer reinsten Form handelt es sich dabei um gerichtete oder turbulente, *feine* Luftbewegungen, die auf eine umschriebene Stelle der Körperoberfläche einen einseitigen Abkühlungsreiz auslösen. Inwieweit Zugluft bestimmte Erkältungskrankheiten verursacht und diese zum Anlaß für andere Gesundheitsschäden (auch Infektionskrankheiten) werden, hängt von einer ganzen Reihe weiterer Umstände ab. Dazu gehört sowohl die Größe des Temperaturunterschiedes zwischen Luftbewegung und sonstiger Um-

---

[1] Arch. f. Hyg. **70**, 38 (1909).   [2] a. a. O. S. 9.

gebungstemperatur wie auch die zeitliche Dauer der Einwirkung. Die Schwere einer Gesundheitsschädigung hängt ferner vom allgemeinen Gesundheitszustand des betroffenen Menschen sowie auch sehr davon ab, ob der Körper erhitzt, ob die Hautoberfläche oder Kleidung feucht ist, ob Gegenwirkungen durch körperliche Bewegung vorhanden sind u. dgl. Nach unseren heutigen Kenntnissen muß wohl angenommen werden, daß Zugwirkungen dieser Art für alle Menschen ungünstig sind und eine ausgesprochene Abhärtung dagegen kaum erreicht werden kann. Im geschlossenen Raum kann Zugluft verhältnismäßig leicht entstehen z. B. infolge von Undichtigkeiten an Fenster und Türen, infolge Herabsinkens kalter Luftmassen nach Abkühlung an kalten Flächen (Fenster, Außenmauern), als Folgeerscheinung von fehlerhaften Lüftungs- und Heizungsanlagen usw. Gegenüber diesen feinen Luftbewegungen im Raum sind es *draußen* gerade starke Luftströme (einseitiger Windanfall, Fahrtwind u. dgl.), die krankheitsauslösende Abkühlungsreize verursachen können[1].

7. Der Einfluß feuchter Luft. Recht verwickelt sind nach unseren bisherigen Kenntnissen auch die Einflüsse, welche die Luftfeuchtigkeit auf die Entwärmungsvorgänge besitzt. So ergab sich am ruhenden, leicht bekleideten Menschen, daß in einer Umgebungstemperatur von 25° die unmerkliche Wasserabgabe über die Haut bei höherer relativer Feuchtigkeit (70%) größer war als bei niedriger Feuchtigkeit (30%). Die Bedeutung dieser Art der Wasserabgabe als physiologische Funktion im Dienste der Wärmeregelung wird dadurch besonders klar gezeigt (MOOG[2]).

Feuchte Luft ist ein besserer Wärmeleiter als trockene Luft; andererseits verringert sie aber die Wasserverdunstung. Ihre erschwerende Wirkung für die Entwärmung des körperlich arbeitenden Menschen ist genügend bekannt. So kann in ruhender Luft von 33° und 24% Feuchtigkeit in leichter Kleidung nahezu doppelt soviel gearbeitet werden als in gleichwarmer Luft mit 60% Feuchtigkeit; bei 25° und 50% Feuchtigkeit läßt sich leichter arbeiten als bei 17° und 87% (RUBNER, WOLPERT[3]).

Die Erfahrung lehrt ferner, daß hohe relative Feuchtigkeit bei niedrigen Temperaturen das *Kältegefühl*, bei höheren Temperaturen das *Wärmegefühl* steigert. In bewegter, kühl-feuchter Luft tritt mit zunehmender Luftbewegung eine wesentliche Verstärkung des Kältegefühls, in warm-feuchter Luft dagegen eine weit

---

[1] Vgl. BREZINA-KISSKALT-KÖTSCHAU-KREBS-STIGLER: „Was ist Zugluft", Münch. med. Wschr. **84**, 491 (1937).

[2] Dtsch. Arch. klin. Med. **138**, 181 (1922).

[3] Arch. f. Hyg. **36**, 203 (1899).

geringere, unter Umständen gar keine Minderung des Wärmegefühls ein, wie sich das nach dem schon oben Gesagten folgerichtig erklärt. Bewegte Luft muß also je nach ihrer Temperatur und ihrem Feuchtigkeitsgehalt als Entwärmungsmittel verschieden beurteilt werden, d. h. ob sie vorzugsweise unmittelbar eine Kühlwirkung an der Haut hervorruft oder mittelbar eine solche durch Begünstigung der Wasserverdunstung herbeiführt. Als ungünstigste Extreme stehen sich jedenfalls im Hinblick auf die Gesamtwirkung sehr warmer, feuchter Wind und sehr kalter, trockener Wind gegenüber. Bereits etwas günstiger in ihrer Wirkung sind sehr warmer, trockener und sehr kalter, feuchter Wind, weil im ersten Fall die Entwärmung infolge vermehrter Wasserabgabe erhöht, im zweiten Fall die Kühlwirkung infolge verringerter Wasserabgabe abgeschwächt wird. Ob sich unter solchen Bedingungen das Gefühl der Behaglichkeit einstellt oder nicht, hängt auch noch von anderen Umständen, vor allem von der Kleidung ab. Nicht gleichgültig ist dabei, ob die Feuchtigkeit der Luft in Dampf- oder Nebelform vorliegt (CORLETTE[1]). Jedenfalls kann ein schwer arbeitender Mensch auch bei höheren Temperaturen durchaus im Zustand angenehmer Temperaturempfindung sein, wenn er zweckmäßig gekleidet und ihm ungehinderte Entwärmung über die Schweißverdunstung möglich ist.

Bereits vorher ist gesagt worden, daß zwischen dem Verhalten von *Haut* und *Lungen* eine gewisse vasomotorische Übereinstimmung anzunehmen ist (GALEOTTI[2]). In feuchter Luft wird die Atmung flacher und lebhafter als in trockener Luft, die eine Vertiefung der Atemzüge und Verringerung ihrer Zahl bewirkt. Wenn weiter z. B. durch Versuche in *völlig* trockner Luft gezeigt werden konnte, daß der Wassergehalt der Ausatmungsluft deutlich geringer wird, so sind hierzu vielleicht auch Beobachtungen an gewissen Pflanzen von Interesse, bei denen bewegte, trockene Luft *weniger* transpirationsfördernd als feuchte Luft von 95% relativer Feuchtigkeit wirkte (HARDER[3]).

Für einen *sehr* großen Temperaturbereich und innerhalb *weiter* Grenzen der relativen Luftfeuchtigkeit — freilich auch in gewisser Abhängigkeit vom Atmungsrhythmus — sind die Vorgänge der Wasserdampfausscheidung innerhalb der Atmungsorgane *rein physikalischer Natur*, so daß die Wasserabgabe nach dem physikalischen Zustand der Einatmungsluft erfolgt und in der bekannten Weise errechnet werden kann.

---

[1] Med. J. of Australia **1**, 172 (1923).
[2] a. a. O. S. 5.
[3] Nachr. Ges. Wiss. Göttingen, Math.-physik. Kl. N. F. **1**, 181 (1935).

Neuerdings sind Auffassungen bekanntgeworden, die der Luftfeuchtigkeit eine unmittelbare Bedeutung für die Befeuchtung, besser die *Feuchthaltung*, der Schleimhäute der Luftwege beilegen. Zu trockene Luft verursacht danach die Auslösung von Trockenheitsschäden, für die als Krankheitsbezeichnung die Begriffe „Siccopathie" und „Exsiccose" geprägt worden sind (BRÜNINGS[1]). Es ist wohl noch eine offene Frage, inwieweit man diesen für einzelne Menschen und am ehesten für solche mit Erkrankungen der Luftwege zutreffenden Beobachtungen schlechthin Allgemeingültigkeit für alle Menschen zusprechen kann. Bisher hat sich in dieser Hinsicht für die Luftfeuchtigkeit noch keine sicher schädliche, untere Grenze ermitteln lassen. Jedenfalls lehren z. B. arbeitsklimatische Erfahrungen, daß selbst bei schwerer körperlicher Arbeit in hochwarmer Luft und erheblichen Schweißverlusten relative Luftfeuchtigkeiten von nur etwa 20% dauernd ohne gesundheitlichen Schaden vertragen werden. Zu erinnern wäre auch an die große Lufttrockenheit bekannter Erholungs- und Kurorte für Gesunde und Kranke (Riviera ponente, Ägypten), wo zum Teil die relative Luftfeuchtigkeit auf Werte von unter 10% fällt und sich oftmals tagsüber nicht über 30% zu erheben pflegt. Damit ist natürlich nicht gesagt, daß die Luft dieser Orte nicht andere günstige Eigenschaften besitzt z. B. hinsichtlich ihres Gehaltes an Kondensationskernen, ihrer Ionenzahl usw. (EGLOFF u. a.[2]), die anderwärts nur einer feuchteren Luft zukommen. Vorderhand sind diese Fragen über das Stadium wissenschaftlicher Erforschung aber kaum hinaus, wie ein Blick ins Schrifttum leicht zeigt. Für die Erklärung dieser Trockenheitswirkungen sind vielleicht näherliegende Ursachen viel ergiebiger, die wir, wenigstens soweit der geheizte Raum zur Erörterung steht, in erster Linie in zu hohen Umgebungstemperaturen (überheizte Räume) erblicken möchten. Unter solchen Bedingungen wird erfahrungsgemäß leicht ein Übergang von der normalen Nasenatmung zur Mundatmung bewirkt, wodurch besonders in staubhaltiger Luft eine Trocknung der Mund- und Rachenschleimhäute mit ihrer meist stark empfundenen Reizwirkung ausgelöst wird (vgl. auch S. 16).

8. Der Einfluß der Wärmestrahlung. Abgesehen von der Umgebungstemperatur ist die Entwärmung des Körpers von der

---

[1] Verh. 93. Vers. Naturforscher u. Ärzte **1935**, 122, Berlin: Julius Springer und Dtsch. med. Wschr. **62**, 668 (1936).

[2] EGLOFF: Über das Klima im Zimmer usw. Diss. Technische Hochschule Zürich (Nr 766). — Ferner AMELUNG u. LANDSBERG: Bioklim. Beibl. **1**, 49 (1934).

Oberflächentemperatur solcher Gegenstände der Umwelt stark abhängig, die mit ihm in *Wärmeaustausch durch Strahlung* treten. In unserem Klima sind diese Gegenstände meist kühler als die Körperoberfläche, so daß der Körper in der Regel mehr Wärme durch Strahlung verliert als empfängt, und worauf er auch eingestellt ist. Die übliche Kleidung ist allerdings für die Sonnen- und Himmelsstrahlung ein gutes Absorbens. Die absorbierte Strahlung wird in Wärme umgewandelt. Sowohl im Freien wie auch im geschlossenen Raum (Strahlungsheizungen, Ofenbetriebe usw.) kann sich der Wärmeaustausch durch Strahlung zwischen Körper und Umgebung umkehren, so daß unter Umständen sogar besondere Maßnahmen erforderlich werden, um diese Wärmezustrahlung abzuwehren.

Für den Wärmeaustausch durch Strahlung ist die Zwischenluft, also ihre Temperatur, Feuchtigkeit und Bewegungsstärke, praktisch bedeutungslos. Erst bei der Absorption wird die Strahlung in Wärme umgesetzt. Der Wärmeübergang am Körper ist sowohl von den *Hautbezirken* als von der *Kleidung* abhängig. Als *weitgehend konstant darf er an der Stirn gelten*, wie erst neuerdings wieder an einer sehr großen Zahl gesunder Versuchspersonen festgestellt worden ist (BOHNENKAMP-ERNST[1]).

Die Wellenlängen der zum *äußeren Ultrarot* gehörenden Körperstrahlung liegen entsprechend dem für seine Oberfläche wichtigen Temperaturbereich zwischen 30 und 40° in der Größenordnung $9,5 \cdot 10^{-4}$ bis $9,2 \cdot 10^{-4}$ cm. Zur Errechnung der Gesamtstrahlung des Körpers mit Hilfe der STEPHAN-BOLTZMANNschen Formel darf als zulässig angenommen werden, daß die menschliche Haut für dieses Spektralgebiet des langwelligen Ultrarots mit großer Annäherung als „schwarzer Körper" wirkt. BÜTTNER[2] hat bei seinen Messungen an lebender, unbehaarter Europäerhaut gefunden, daß die relative Strahlungszahl für Temperaturstrahlung in senkrechter Richtung $0{,}954 \pm 0{,}004$ des idealen schwarzen Körpers beträgt.

Zur angenäherten Berechnung der Strahlungsabgabe kann die folgende Formel benutzt werden:

$$S = 5{,}4 \cdot (t_H - t_U),$$

worin S die stündlich je m² Körperoberfläche abgegebene Wärmemenge in kcal, t_H die mittlere Temperatur der Körperoberfläche und t_U die der umgebenden Gegenstände bedeutet. Diese Vereinfachung des STEPHAN-BOLTZMANNschen Gesetzes ist zulässig, weil sich bei der Umrechnung auf absolute Temperaturen nur ver-

---

[1] Arch. ges. Physiol. **228**, 70 (1931).
[2] Strahlenther. **58**, 345 (1937).

hältnismäßig sehr kleine Unterschiede für die einzusetzenden Oberflächentemperaturen ergeben.

Über die Höhe der mittleren Oberflächentemperatur, wie sie sich beim normal bekleideten Menschen in Abhängigkeit von der Umgebungstemperatur und in praktisch ruhender Luft einstellt, gibt Zahlentafel 5 einige Anhaltspunkte. Diese Werte gehen auf Messungen zurück, wie sie kürzlich von BEDFORD[1] an einer großen Zahl normal bekleideter Personen während leichter beruflicher Tätigkeit durchgeführt hat. Es handelt sich dabei um Mittelwerte an vielen einzelnen Meßstellen, wobei auch die für gewöhnlich unbekleideten Hautstellen mitberücksichtigt worden sind.

Zahlentafel 5.

Umgebungstemperatur (Lufttemperatur = Wandtemperatur) in °C	Mittlere Oberflächentemperatur des Körpers in °C
12,8	19,9
15,6	22,0
18,2	24,0
21,2	26,2
23,8	28,3

Physiologisch sind die Strahlen dunkler Wärmequellen anders zu beurteilen als diejenigen leuchtender Strahler. Zustrahlungen von *dunklen* Wärmequellen werden bei mittlerer Umgebungstemperatur von der Gesichtshaut bereits in einer Menge von $0,04$ cal/cm$^2 \cdot$min empfunden, während bei *leuchtenden* Strahlern Wärmemengen von $0,6—0,7$ cal/cm$^2 \cdot$ min erst gerade an der Empfindungsgrenze liegen. Wärmestrahlungen von etwa $2,0$ cal/cm$^2 \cdot$min pflegen an der Bestrahlungsstelle einen stechenden Schmerz auszulösen. Heraufsetzung der Hauttemperatur durch Wärmestrahlung um etwa $1,5°$ geht mit ausgesprochenem Wärmegefühl, solche von etwa $3°$ mit Auslösung lästigen Hitzegefühls einher (RUBNER[2]).

Neuere Untersuchungen sprechen übrigens stark dafür, daß der *langwelligen* Ultrarotstrahlung (Wellenlängen zwischen $2,5 \cdot 10^{-4}$ bis $3,0 \cdot 10^{-4}$ cm) bestimmte Wirkungen auf die *Gesichtshaut* zukommen. Diese äußern sich in einer *Behinderung der Nasenatmung*, die sich meist gleichzeitig mit dem Auftreten des bekannten „Schwüle- und Muffigkeitsempfinden" in überheizten Räumen einstellt. Auf die physiologische Erklärung soll hier nicht näher eingegangen werden; als wirksame Gegenmaßnahmen wird entweder Gesichtskühlung durch Luftbewegungen oder Zuschaltung leuchtender Wärmequellen empfohlen (HILL, VAN DISHOECK[3]). Immerhin bieten diese Beobachtungen eine Stütze dafür, daß das bekannte „Schwülegefühl" *nicht lediglich* als

---

[1] Med. Res. Counc. Industr. Health Res. Board, Nr 76, London 1936.
[2] Arch. f. Hyg. **23**, 87 (1895).
[3] J. of Hyg. **35**, 185 (1935) und **36**, 602 (1936).

Folge entsprechender Temperatur- und Feuchtigkeitsbedingungen aufgefaßt werden darf, wie das von anderer Seite schon früher ausgesprochen wurde (DORNO). Die Mitwirkung von Eingriffen in den Strahlungshaushalt des Körpers durch Behinderung der Abstrahlung, durch Ultrarotzustrahlung u. ä. ist als wahrscheinlich anzunehmen. Dafür sprechen auch Beobachtungen, nach denen sich bei vollkommen gesunden Versuchspersonen der Schwellungszustand ihrer Nasenschleimhaut gegenüber der Norm stets dann änderte, wenn in hoher oder niedriger Umgebungstemperatur die Behaglichkeitsgrenzen überschritten wurden (BACHMANN[1]).

9. Andere Einflüsse. Meist im Zusammenwirken mit den bisher erörterten Elementen, unter Umständen aber auch für sich allein, sind noch andere Einflüsse auf den Wärmehaushalt des Körpers vorhanden. Hierzu gehören z. B. Luft- und Winddruck (letzterer in mechanischer Hinsicht), Helligkeit, luftelektrische (einschließlich der Kondensationskerne[2]) und ferner photochemische Einflüsse (Pigmentation) und schließlich die Wirkung von Staub, giftigen Gasen und Dämpfen usw.[3]. Alle diese Faktoren sind als alleiniger oder zusätzlicher Einfluß nicht immer leicht abzuschätzen, vor allem, solange sie nicht gerade unmittelbar gesundheitsschädlich wirken[4]. Auch können sie heute noch nicht alle als hinreichend geklärt angesehen werden.

Das gilt z. B. für die neuerdings sehr beachteten beiden luftelektrischen Elemente für das Potentialgefälle und die elektrische Leitfähigkeit der Luft, wie aus umfangreichen, negativ ausgefallenen Versuchen amerikanischer Forscher über den Einfluß von Zahl und Art der Luftionen hervorgeht (YAGLOU u. a.[5]). Von anderer Seite war das Vorhandensein solcher Einflüsse auch schon für den gesunden Menschen als sehr wahrscheinlich hingestellt worden. Leider muß bei der experimentellen Bearbeitung solcher Fragen außer objektiven Wirkungsanzeigen (z. B. Pulszahl, Blutdruck, Einfluß auf das Blutbild u. ä.) oft auch die Befragung der Versuchsperson über das Auftreten oder Verschwinden bestimmter persönlicher Empfindungen gewertet

---

[1] Arch. f. Hyg. **102**, 263 (1929).

[2] Im Hinblick auf die infolge der Einatmung möglichen pharmakologischen und biologischen Wirkungen der Kondensationskerne dürfte dafür die Bezeichnung „Ultrastaub" vielleicht begriffsklarer sein, weil damit auch der Zusammenhang mit dem eigentlichen Staub deutlicher wird.

[3] Vgl. W. LIESEGANG: „Die Reinhaltung der Luft", in Erg. d. ang. physikal. Chem. Herausg. von LE BLANC, **3**. Leipzig: Akadem. Verlagsanst. m. b. H. 1935.

[4] Vgl. F. KOELSCH: „Lehrbuch der Gewerbehygiene". Stuttgart: F. Enke 1937.

[5] J. ind. Hyg. **15**, 341, 354 (1933).

werden. Fehlschlüsse sind dann mit einiger Sicherheit nur zu vermeiden, wenn die einzelnen Versuche sehr oft wiederholt und recht viele Versuchspersonen herangezogen werden. Hiervon hängt die Entscheidung ab, ob man überhaupt bei Versuchsanstellungen mit psycho-physischem Einschlag negative oder positive Ergebnisse als beweiskräftiger gelten lassen will. Im Falle des Einflusses der luftelektrischen Elemente auf den Menschen ist, wie es scheint, den negativ ausgefallenen Versuchen bisher mehr Vertrauen zu schenken, wofür auch Untersuchungen von FERVERS[1] sprechen.

10. Die Behaglichkeit als „Meßgröße". Ob sich das *Gefühl der Behaglichkeit* beim Menschen einstellt oder nicht, hängt zuerst von der Temperaturempfindung ab, die nichts anderes ist als der psychische Ausdruck für die Einwirkung gegebener klimatischer Umweltsbedingungen auf die Entwärmung seines Körpers. In der Regel spielen dabei seelische Bedingungen mit, da z. B. schon die bloße Erwartung oder der Zwang, sich mit einem bestimmten Klima im Freien oder im Raum abfinden zu müssen, das Aufkommen der Behaglichkeit stark mitbestimmen kann. Sehr beträchtlicher Einfluß ist ferner der Kleidungsart einzuräumen, die ja nicht zuletzt die Aufgabe hat, die Temperaturempfindung so regeln zu helfen, daß sie ureigenen Ansprüchen gerecht wird. Trotz der Klärung der Reaktionen des Körpers im Dienst der Wärmeregelung, wie sie die verschiedenen Klimaelemente in der besprochenen Weise für sich auslösen, besteht aber zwischen der physikalischen Kennzeichnung aller möglichen Luftzustände und dem Verhalten des Körpers keine einfache oder stets gleichsinnige Beziehung. Man kann das nicht klarer ausdrücken als mit den Worten RUBNERS, daß der Körper nicht reagiert, sondern reguliert! Aber auch für das Ausmaß dieser Regelung bestehen zwischen den einzelnen Menschen recht erhebliche Unterschiede, die sich teils durch die Körperbeschaffenheit, teils durch persönliche Mängel in der regulatorischen Anpassung, teils durch Abhärtung ergeben. Es gibt Menschen, denen eine recht breite und solche, denen eine verhältnismäßig eng begrenzte klimatische Anpassungsfähigkeit eigen ist. Robuste Körper haben meist ein ausgesprochenes Beharrungsvermögen bezüglich ihrer Körpertemperatur, während neuropathische Personen recht thermolabil sein können. Menschen mit gut durchblutetem Hautgewebe stellen sich anders auf einen Abkühlungsreiz ein als etwa anämische Kranke mit schlecht durchbluteter Haut usw. (SCHADE[2]).

---

[1] Dtsch. med. Wschr. **1934**, 1876.　　　[2] Z. exper. Med. **7**, 363 (1919).

Diese Aufzählung hat vornehmlich den Zweck, darzutun, daß es eine *objektive Behaglichkeit* im strengen Sinn nicht geben kann. Angesichts des mageren Erfolgs, den bisher die meisten Bemühungen um Aufstellung eines wirklich allgemeingültigen Behaglichkeitsmaßstabes auch tatsächlich gehabt haben, wäre man durchaus berechtigt, neue Versuche hierzu als wenig aussichtsreich anzusehen. Andererseits dürfen sie aber nicht als grundsätzlich verfehlt bezeichnet werden, besonders nicht, seitdem man weiß, daß stärkere Störungen im Wärmeausgleich *überraschend regelmäßig* Schwächungen des physiologischen Widerstandes des Körpers mit sich bringen, die z. B. auf die Entstehung von Infektionskrankheiten maßgeblichen Einfluß haben (VAN LOGHEM, SCHMIDT u. a.[1]). Schließlich ist die „Erkältung" in ihrer allgemeinen Erscheinung immerhin ein Beweis für die gleichsinnige und sogar regelmäßige Wirkung bestimmter ungünstiger Luftzustände als bedeutsamer äußerer Krankheitsfaktor[2].

Ein Versuch, der die Behaglichkeit in eine Meßgröße hineinzwingen will, der wenigstens in gewissem Umfange Gültigkeit für möglichst viele Menschen zukommen soll, wird einmal die Art der Entwärmung des Körpers berücksichtigen müssen, d. h. ob sie vorzugsweise auf trockenem Wege oder über die Schweißverdunstung erfolgt und sich zum anderen nur innerhalb bestimmter Grenzen der drei wichtigsten Klimaelemente, nämlich der Lufttemperatur, -feuchtigkeit und -bewegung abspielen. Hierfür bestehen folgende Grundlagen:

I. Eine unbestreitbare Erfahrungstatsache ist, daß die Lufttemperatur für den menschlichen Wärmehaushalt allergrößte Bedeutung besitzt. Daher kommt es auch, daß ihre Messung mit dem gewöhnlichen Thermometer keine ganz schlechte Behaglichkeitsanzeige ist. Ihre Mängel und ihre Grenzen für feinere Ansprüche liegen darin, daß die Gesamtabkühlung und Gesamterwärmung des menschlichen Körpers kein thermometrisch, sondern ein nur kalorimetrisch meßbarer Vorgang ist.

II. So verwickelt sich die Einflüsse der Luftfeuchtigkeit in ihrer Abhängigkeit von der Temperatur auf den menschlichen Wärmehaushalt dargestellt haben, so sicher ist doch — wie schon oben ausgeführt —, daß hohe Luftfeuchtigkeit *stets* ein erschwerender Faktor ist. Das gilt schon für mittlere Temperaturen und im besonderen Maße, wenn infolge Arbeitsleistung eine Steigerung der Wärmebildung eintritt. Die Möglichkeit, hier eine gut begründete obere Grenzzahl angeben zu können, deren Einhaltung

---

[1] Z. Hyg. **115**, 183 (1933) — Med. Welt **10**, 1717 (1936).
[2] Siehe auch GROBER: Die Akklimatisation. Jena: G. Fischer 1936.

durch eine Sondermessung leicht geprüft werden kann, ist als eine sehr willkommene Verbesserung der Temperaturanzeige bei Behaglichkeitsmessungen ausnutzbar.

III. Ruhende (stagnierende) Luft, wozu auch noch so geringe Luftbewegungen gehören, wie sie für gewöhnlich als „ruhige Luft“ bezeichnet werden, sind der Behaglichkeit meistens abträglich, besonders unter solchen allgemeinen Bedingungen, wie sie im geschlossenen Raum leicht herrschen. Es ist experimentell hinreichend gesichert, daß das Atmen „im Freien“ nicht aus Gründen verschiedener chemischer Zusammensetzung der Luft gegenüber dem Atmen „in guter Zimmerluft“ so angenehm empfunden wird, sondern deshalb, weil draußen das unaufhörliche An- und Abschwellen der Luftbewegung für die Hautnerven ein überaus günstiger Reiz zur Regelung der Blutfülle der Haut ist, dieser wichtigen Voraussetzung für eine angenehm empfundene Entwärmung. DORNO hat diese physiologisch wichtige Eigenschaft eines Luftzustandes recht treffend mit dem Ausdruck „lebendige Luft“ gekennzeichnet; in der englischen Literatur scheint sich dafür der Begriff „freshness“ einzubürgern. *Diese Wirkung der Luftbewegung — in gerichteter oder diffuser Form — im Verein mit der Lufttemperatur bringt die mit dem trockenen Katathermometer nach* L. HILL *gemessene „Abkühlungsgröße“ gut zum Ausdruck.*

Diese Meßgröße ist daher nach unserer Ansicht noch am ehesten für einen Behaglichkeitsmaßstab der verlangten allgemeinen Form nutzbar zu machen, freilich unter Berücksichtigung der vorhin aufgestellten Vorbehalte, also vor allem *in geeigneter Verknüpfung mit der Lufttemperatur* und unter gleichzeitiger oberer Begrenzung der relativen Luftfeuchtigkeit. Da ein umfassender empirischer Eignungsbeweis, wie er für die Temperaturmessung als Behaglichkeitsanzeige vorhanden ist, hierfür vorerst fehlt, wird im späteren Teil des Buches versucht werden, ihn mit Hilfe einer physiologisch wichtigen Bezugsgröße zu führen. Diese Bezugsgröße ist die Stirntemperatur. Die Stirn ist ein Hautbezirk mit recht konstantem Wärmeübergang, und die Messung ihrer Temperatur ist nicht nur eine einzig und allein für diesen Hautbezirk gültige Messung, sondern zugleich ein Anhaltspunkt für das vasomotorische Verhalten des Körpers überhaupt. Daraus ergab sich auch der weitere günstige Umstand, daß in der Literatur eine große Zahl von Meßergebnissen zu finden ist, die aus dem Grunde gut verwertbar gewesen sind, weil häufig die korrespondierenden Behaglichkeitsangaben mitgeteilt werden.

Aus dem Gesamtgebiet äußerer Abkühlungs- und Erwärmungseinflüsse werden vorläufig solche Luftzustände ins Auge gefaßt, die dem Körper eine glatte physikalische Wärmeregelung erlauben, ohne ihn dabei zur Kompensation seiner Überschußwärme durch fühlbar werdende Schweißverdunstung zu zwingen. Für den normal bekleideten Menschen wären das im Ruhezustande oder bei nur sehr leichter körperlicher Arbeit solche nichtstagnierende, jedoch von Zugwirkungen freie Luftzustände innerhalb eines Temperaturbereichs von etwa 15—25°, deren relative Luftfeuchtigkeit schon in den günstigen Fällen nicht wesentlich über 70% hinausgeht. Diese Grenzziehung kann naturgemäß nur roh sein; immerhin umschreibt sie doch gut das gesuchte Klima, in dem die Mehrzahl der Menschen eine Voraussetzung finden dürfte, welche der Einstellung der persönlichen Behaglichkeit besonders günstig ist. Weiterer Forschungsarbeit wird es vorbehalten sein, festzustellen, ob und auf welchem Wege über die hier zugrunde gelegten Annahmen und Meßverfahren hinausgegangen werden kann.

II. Temperaturbegriffe, Behaglichkeitsmaßstäbe und Meßverfahren.

1. Das trockene Thermometer. Das älteste und einfachste Instrument zur Behaglichkeitsmessung ist das gewöhnliche, mit Strahlungsschutz versehene Thermometer mit Quecksilberfüllung. Da es nur auf die trockene Wärme der Luft anspricht, hat sich für die damit gemessene Lufttemperatur die Bezeichnung *Trockentemperatur* eingeführt. Die beim Gebrauch des Thermometers zu beachtenden Maßnahmen zur richtigen Bestimmung der Lufttemperatur sollen in einem späteren Abschnitt behandelt werden.

Das Thermometer kann auch zur beiläufigen Ermittlung stärker wirkender Strahlungswärme dienen. Hierbei benutzt man zwei gleichgestaltete Thermometer, deren Gefäße, das eine blank, das andere geschwärzt (Schwarzkugelthermometer), von luftleeren Glaskugeln umgeben sind, um störende Umgebungseinflüsse fernzuhalten. In dieser Form wird das Thermometerpaar unter der Bezeichnung Aktinometer nach ARAGO-DAVY häufig zur Ermittlung der an verschiedenen Orten herrschenden Intensität der Sonnenstrahlung verwendet. Die Strahlung ist um so stärker, je größer der Unterschied zwischen den Anzeigen der beiden Thermometer ist.

2. Das feuchte Thermometer. Wird das Gefäß eines Thermometers mit feuchtgehaltener Gaze oder Musseline umhüllt, so wird einem solchen Thermometer eine bestimmte Wärmemenge durch Wasserverdunstung entzogen. Es zeigt daher bei den meist herrschenden Luftzuständen eine Temperatur an, die tiefer liegt als die Trockentemperatur und gewöhnlich *Naßtemperatur* genannt wird. Maßgebend für die Größe des Wärmeentzuges durch Verdunstung und daher auch für die sich einstellende Naßtemperatur sind außer der Temperatur und der relativen Feuchtigkeit der Luft noch Strahlungseinflüsse aus der Umgebung und die Stärke der Luftbewegung. Es haben somit alle für die menschliche Entwärmung wichtigen Klimaelemente Einfluß auf das Meßergebnis. Trotzdem ist die Naßtemperatur als Behaglichkeitsmaßstab nur von geringer Bedeutung, weil die Umgebungsverhältnisse auf das feuchte Thermometer in anderer Weise einwirken als auf den menschlichen Körper. Höchstens ist sie in gewissem Umfange zur Beurteilung solcher Luftzustände brauchbar, die infolge schwerer körperlicher Arbeitsleistung eine Entwärmung über die Schweißverdunstung bedingen.

Die große Bedeutung des feuchten Thermometers liegt in seiner Verbindung mit dem trockenen Thermometer zur Bestimmung der Luftfeuchtigkeit. Geräte dieser Art werden Psychrometer genannt. An Stelle des früher benutzten, nicht künstlich belüfteten AUGUSTschen Geräts, dessen Anzeigen immer besondere Berichtigungen erforderten, wird heute vorwiegend das ASSMANNsche Psychrometer gebraucht, bei dem die Thermometergefäße durch einen Luftstrom von bestimmter Stärke künstlich

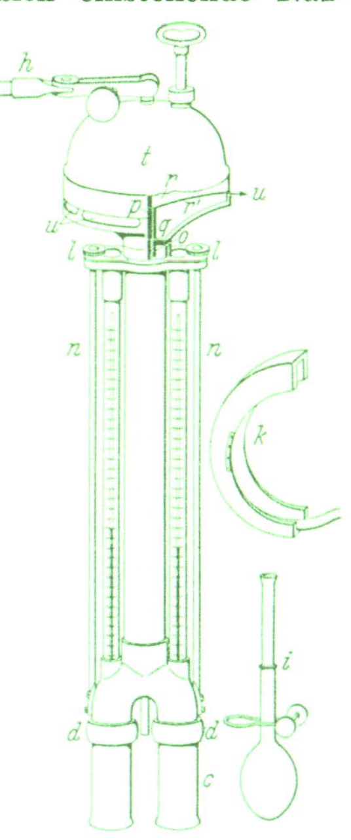

Abb. 5. Psychrometer nach ASSMANN.

c äußeres Hüllrohr für das Thermometergefäß; *d* Elfenbeinring; *h* Schraubdorn zum Aufhängen des Instruments; *i* Befeuchtungsvorrichtung für das feuchte Thermometer; *k* Windschutzvorrichtung für das Laufwerk; *l*, *n* Stützen; *o* Verbindung nach dem Laufwerk; *p* Welle; *q*, *r*, *r'* Aspiratorscheiben; *t* Laufwerk; *u* Luftaustrittsöffnungen.

belüftet und vor Strahlungseinflüssen durch doppelte Strahlungshülsen geschützt sind (vgl. Abb. 5). Durch diese Maßnahmen sind die Fehlerquellen der Messung weitgehend vermieden. Der mit dem Psychrometer festgestellte Unterschied zwischen Trocken- und Naßtemperatur — die sog. *psychrometrische Differenz* — bildet die Grundlage zur Ermittlung einer Reihe wichtiger Luftzustandsgrößen, wie z. B. des *Dampfdruckes*, *Dampfgehaltes*, *Wärmeinhaltes* und *Taupunktes* der Luft. Ferner ergeben sich daraus, bezogen auf die herrschende Lufttemperatur, die *relative Feuchtigkeit* (das 100fache Verhältnis zwischen dem vorhandenen und höchstmöglichen Wasserdampfdruck), die *physiologische Feuchtigkeit* (das 100fache Verhältnis zwischen dem wirklich vorhandenen und bei 36,5° Körpertemperatur höchstmöglichen Wasserdampfdruck von 45,84) und das *physiologische Sättigungsdefizit* (Unterschied zwischen dem Wasserdampfdruck von 45,84 und dem wirklich vorhandenen).

3. Die Äquivalenttemperatur. — Das Pröttmeter. Aus einem trockenen und feuchten Thermometer besteht auch das Pröttmeter, bei dem die Instrumente mit Sonderskalen versehen sind, aus denen mit Hilfe der zugehörigen Pröttmetertafel fast alle wichtigen Luftzustandswerte leicht bestimmt werden können. Das Instrument sollte dem der Trockentemperatur anhaftenden Mangel, nur etwas über den Wärmeinhalt der trockenen Luft auszusagen, abhelfen und eine unmittelbare Ablesung des Gesamtwärmeinhalts der Luft ermöglichen, der sich aus dem Wärmeinhalt des trockenen Anteils der Luft und dem Wärmeinhalt des in der Luft vorhandenen Wasserdampfes zusammensetzt.

Der Gesamtwärmeinhalt feuchter Luft in kcal je kg trockener Luft ist nach MOLLIER:

$$i = \underbrace{0{,}24\,t}_{\text{trockne Luft}} + \underbrace{x \cdot (0{,}46\,t + 595)}_{\text{Wasserdampf}}.$$

$0{,}24 = $ spezifische Wärme der trockenen Luft [kcal/kg · °C],
$0{,}46 = $ spezifische Wärme des Wasserdampfes [kcal/kg · °C],
$595 = $ Verdampfungswärme des Wassers bei 0° [kcal/kg],
$t = $ Lufttemperatur [°C],
$x = $ Dampfgehalt der Luft [kg/kg trockene Luft].

In der Gleichung für i kann der Dampfgehalt x auch durch die zugehörige Dampfspannung p_d in mm Hg ersetzt werden durch Einführung der bekannten Gleichung:

$$x = \frac{0{,}622}{p - p_d} \cdot p_d,$$

worin $p = $ Barometerstand in mm Hg.
Man erhält dann:

$$i = 0{,}24\,t + \frac{0{,}622}{p - p_d} \cdot (0{,}46\,t + 595) \cdot p_d.$$

Im zweiten Summanden kann ohne großen Fehler im Zähler $0{,}46\,t$ gegen 595 und im Nenner p_d gegen p (im Mittel 755) vernachlässigt werden. Dann ergibt sich, wenn man die Gleichung noch durch 0,24 dividiert:

$$\frac{i}{0,24} = t + \frac{0,622 \cdot 595}{0,24 \cdot 755} \cdot p_d = t + 2,04\, p_d \,.$$

Der Bruch $\dfrac{i}{0,24} = \left[\dfrac{\mathrm{kcal} \cdot \mathrm{kg} \cdot {}^\circ\mathrm{C}}{\mathrm{kg} \cdot \mathrm{kcal}}\right]$ hat die Dimension einer Temperatur und ist gleichbedeutend mit der von M. v. BEZOLD aufgestellten Äquivalenttemperatur A, für welche somit die Faustformel gilt: $A = t + 2\,p_d$.

Da zufällig für Temperaturen bis zu etwa 30° die in feuchter Luft enthaltene Wasserdampfmenge e in g/m³ nur wenig von der Dampfspannung abweicht, kann man die Äquivalenttemperatur angenähert auch mit der Formel

$$A = t + 2\,e$$

berechnen.

Diesen neuen Temperaturbegriff kann man sich am besten folgendermaßen verdeutlichen. Man denkt sich die im Dampfanteil der feuchten Luft vorhandene latente Wärme frei werdend und zur Aufwärmung des trockenen Anteils der Luft benutzt; dann würde durch diesen Zuwachs an Wärme die Lufttemperatur auf die Äquivalenttemperatur ansteigen.

Da PRÖTT bei der Entwicklung seines Gerätes ebenfalls zu diesem Temperaturbegriff gelangte, ist die Äquivalenttemperatur auch schon als *Pröttemperatur* bezeichnet worden. Bedeutung hat dieser Temperaturbegriff aber nur für meteorologische und klimatologische Zwecke erlangt. Zur Aufstellung eines Behaglichkeitsmaßstabes ist die Äquivalenttemperatur nicht geeignet, weil sie, wie die Formel $A = t + 2\,e$ zeigt, vom Feuchtigkeitsgehalt der Luft doppelt so stark wie von der Lufttemperatur beeinflußt wird, was bei der menschlichen Behaglichkeit sicher nicht in dem Maße der Fall ist. Aus dem gleichen Grunde hat sich das Pröttmeter nicht einzubürgern vermocht, zumal alle damit zu erhaltenden Größen in einfacherer Weise mit dem Psychrometer ermittelt werden können. Die in ähnlicher Richtung liegenden Bemühungen von KÜSTER und MEIXNER[1] führen praktisch nicht viel weiter, weil dabei ebenfalls die äußerst wichtigen Einflüsse der Luftbewegung und Strahlung von Wänden und Heizquellen nicht berücksichtigt werden konnten. Diese Bestrebungen sind durch heute zur Verfügung stehende umfassendere Temperaturbegriffe als überholt anzusehen.

---

[1] Arch. f. Hyg. **117**, 158 (1936).

4. Die effektive Temperatur. Einer dieser neueren Temperaturbegriffe, der bisher besonders in Amerika und England in Aufnahme gekommen ist, trägt die Bezeichnung „wirksame Temperatur" („effektive temperature").

Durch Massenversuche an vielen Personen wurde festgestellt, welche Zuordnung von Temperatur und Feuchtigkeit in einem Luftzustand genau so behaglich empfunden wurde wie eine mit

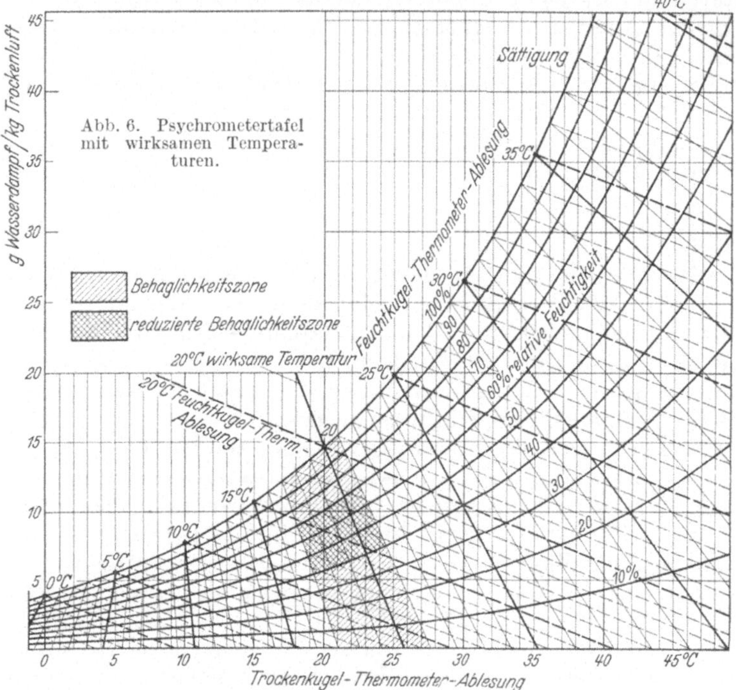

Wasserdampf gesättigte Vergleichsluft, in der also Trocken- und Naßtemperatur denselben Wert hat. Man ließ hierbei die Versuchspersonen von einer Kammer in eine andere übertreten und änderte in der einen Temperatur und Feuchtigkeit so lange, bis beim Wechseln gleiches Wärmegefühl bekundet wurde.

Einer bestimmten Raumluft wurde z. B. die wirksame Temperatur $t_{eff} = 20°$ zugeordnet, wenn sie auf die Mehrzahl der Versuchspersonen ebenso behaglich wirkte wie eine feuchtigkeitsgesättigte Luft von 20°. Die Versuchsergebnisse sind in Kurvenblättern[1]

---

[1] HOUGHTEEN and YAGLOGOU: Trans. amer. Soc. of Heat. Ventil. Engrs. **29**, 163 (1923). — Ferner WINSLOW and GREENBURG: Heating Piping **7**, 41 (1935). Beschreibung des „Thermo-Integrators".

zusammengestellt worden, von denen Abb. 6 ein Beispiel für
normal bekleidete und leicht arbeitende Menschen in ruhender
Luft darstellt. Es handelt sich dabei um ein Liniennetz, daß alle
Größen zur Kennzeichnung des Raumluftzustandes mit darüber-
gelegten Linien gleicher wirksamer Temperatur enthält. Sie laufen
entsprechend dem Wesen dieses Temperaturbegriffs auf der
Sättigungslinie durch den Schnittpunkt des trockenen und feuchten
Thermometers. Der eng schraffierte Ausschnitt stellt die von den
Amerikanern festgelegte eigentliche Behaglichkeitszone dar. Sie
liegt zwischen den wirksamen Temperaturen 17 und 21° und den
relativen Luftfeuchtigkeiten
von 40 und 70%, deren Her-
absetzung auf 30 und 60%
sich freilich später notwendig
erwies. Für normal bekleidete
und leicht arbeitende Personen würden demnach in
ruhiger Luft zur wirksamen
Temperatur von 19° folgende
Wertepaare von relativer
Feuchtigkeit und Trocken-
temperatur der Luft gehören:

70% und 20,3°
50% „ 21,2°
30% „ 22,3°

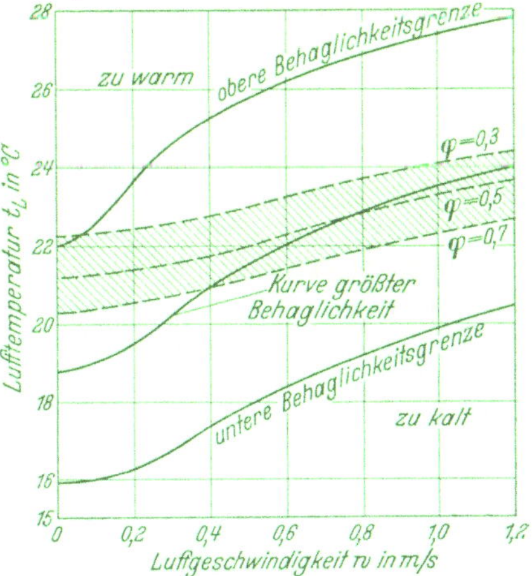

Abb. 7. Behaglichkeitskurven bei bewegter Luft.
(Aus RIETSCHELs Leitfaden der Heiz- und Lüftungstechnik. 10. Auflage. Berlin: Julius Springer
1934.)

Diese Verhältnisse ändern
sich bei bewegter Luft, weil
dann die Entwärmung stärker
ist und ein entsprechend ver-
mindertes Wärmegefühl ausgelöst wird. Durch besondere Ver-
suchsreihen mit abgestufter Luftbewegung sind auch für diese
windbeeinflußten wirksamen Temperaturen Kurvenblätter aufgestellt worden. Die hieraus für die wirksame Temperatur von 19°
entnommenen günstigsten Trockentemperaturen bei 30, 50 und
70% relativer Feuchtigkeit sind in Abhängigkeit von der Luftgeschwindigkeit in Abb. 7 dargestellt worden (gestrichelte Kurven).

Zur Beurteilung der wirksamen Temperatur vom klima-
physiologischen Standpunkt aus kann die Wahl gerade einer
feuchtigkeitsgesättigten Luft als Vergleichsluft nicht als glücklich
angesehen werden. Eine so hohe Luftfeuchtigkeit wird niemals
angenehm empfunden, weil sie stets als Erschwerung der Entwärmung wirken muß. Eine unvermeidliche Fehlerquelle für die
Aufstellung der Tabellen bedeutet weiter die angewendete psycho-

physische Methode der Erfragung des Behaglichkeitsgefühls, die auch bei einer verhältnismäßig großen Anzahl von Versuchspersonen leicht zu Fehlschlüssen führen kann (vgl. S. 17). Ein anderer schwacher Punkt liegt noch darin, daß nicht berücksichtigt werden konnte, wie sich die verschiedenen Luftzustände hinsichtlich ihrer Behaglichkeit auf die Dauer auswirkten.

Das gesteigerte Wärmegefühl der Versuchspersonen, die aus feuchtigkeitsgesättigter Luft kamen, ist vermutlich der Grund dafür, daß für den Winter bei ruhender Luft die behagliche Raumtemperatur bei $21,2°$ angegeben wurde, d. h. also um $2^1/_2°$ höher als der für unsere deutschen Verhältnisse gültige Wert von etwa $18,8°$. Allein durch zweifellos mitsprechende Unterschiede in Rasse, Gewohnheit, Kleidung usw. könnte sich diese Verschiedenheit kaum befriedigend erklären lassen. Dafür spricht auch deutlich die Tatsache, daß in *bewegter* Luft eine wesentlich engere Beziehung zwischen der amerikanischen und unserer Behaglichkeitszone hervortritt (vgl. Abb. 7). Diese Mängel werden neuerdings von den amerikanischen Forschern selbst anerkannt, wenn sie als Nachteile der wirksamen Temperatur die Überbewertung der Luftfeuchtigkeit für gewöhnliche Raumtemperaturen, die wenig gute Erfassung der wichtigen kleinen Luftbewegungen und die Nichtberücksichtigung von Einflüssen durch Wärmestrahlung anführen[1].

5. Die resultierende Temperatur. In Frankreich ist Missenard[2], von der wirksamen Temperatur der Amerikaner ausgehend, zu einem Temperaturbegriff gelangt, den er „resultierende Temperatur" nennt. Diese ist eine den Einfluß der zu- und abgestrahlten Wärme miterfassende wirksame Temperatur. Daher haben auch bei übereinstimmender Luft- und Wandtemperatur die resultierende und wirksame Temperatur den gleichen Wert. Ferner folgt, daß bei ruhender und feuchtigkeitsgesättigter Raumluft die resultierende Temperatur gleich der Lufttemperatur sein muß, was wegen der dabei zusammenfallenden Trocken- und Naßtemperatur ebenso für die wirksame Temperatur gilt.

Zur Messung der resultierenden Temperatur hat Missenard[3] sein resultierendes Thermometer entwickelt. Dieses Gerät besteht aus einer geschwärzten hohlen Kupferkugel von 10 cm Dmr., über der kreuzweis laufende Mullstreifen von 1,3 cm Breite angebracht sind. Diese Streifen befeuchten sich selbständig aus einem als Träger der Kugel ausgebildeten mit Wasser gefüllten Gefäß (Abb. 8). Die Größe der Kupferkugel ist auf Grund von theoretischen Erwägungen so gewählt worden, daß für ihre Oberfläche

<hr>

[1] Amer. J. publ. Health Assoc. Year Book **26**, Nr 3, 76 (1935/36).
[2] Gesdh.ing. **58**, 596 (1935).   [3] Chauffage et Ventilation **12**, 347 (1935).

das Verhältnis von Konvektionswärme und Strahlungswärme den Wert 0,9 besitzt. Um den Feuchtigkeitseinfluß richtig zu erfassen, soll der Theorie gemäß die von den Mullstreifen befeuchtete Oberfläche 36% der Gesamtoberfläche betragen. Da MISSENARD bei seinen Überlegungen von der wirksamen Temperatur ausgeht, die ihrerseits auf Behaglichkeitsangaben zahlreicher Versuchspersonen beruht, so glaubt er, mit seinem Gerät die menschlichen Entwärmungsverhältnisse besonders gut berücksichtigt zu haben. Zu sagen wäre freilich, daß damit auch die früher erwähnten, der wirksamen Temperatur anhaftenden Mängel nicht vermieden sind. Strenggenommen ist das MISSENARDsche Gerät auch nur für Messungen in ruhender Luft geeignet. Das Meßergebnis wird ungenau, sobald die Luftbewegung Geschwindigkeiten von 0,2 m/s erreicht oder überschreitet. Für diese Fälle muß dann die resultierende Temperatur aus den Werten der Lufttemperatur, Wandtemperatur, Feuchtigkeit und Luftbewegung errechnet werden, wofür auf die von MISSENARD entwickelten Beziehungen verwiesen sei.

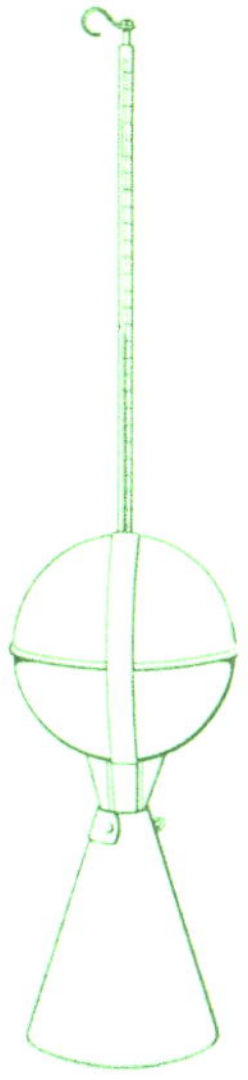

6. Die gleichwertige Temperatur. Das Eupatheoskop. Unter der Bezeichnung „gleichwertige Temperatur" soll der in England viel benutzte Temperaturbegriff „equivalent temperature" verstanden werden. Es ist jedoch zu beachten, daß diese Temperatur trotz der gleichen Benennung nichts mit der auf S. 23 besprochenen v. BEZOLDschen Äquivalenttemperatur zu tun hat.

Abb. 8.
Resultierendes
Thermometer
nach
MISSENARD.

Um den neuen Temperaturbegriff leichter verständlich zu machen, sei folgendes vorausgeschickt: In einem Raum mit der Lufttemperatur t_L, der davon abweichenden Wandtemperatur t_W und der Luftbewegung w befinde sich ein elektrisch beheizbarer Körper mit der Oberflächentemperatur t_F, die größer als t_L und t_W sein soll. Will man die Oberflächentemperatur t_F auf gleicher Höhe halten, so muß dem Körper je Zeiteinheit eine bestimmte Wärmemenge Q zugeführt werden, die außer von seiner Oberflächengröße noch von t_L, t_W und w abhängig ist. Derselbe Körper werde nun in einen Vergleichsraum gebracht, in dem keine Luftbewegung und auch kein Unterschied zwischen Luft- und Wandtemperatur vorhanden sein sollen ($w = 0$, $t'_L = t'_W$). Hat dieser Vergleichsraum gerade eine solche Lufttemperatur t'_L, daß der Körper bei der gleichen Wärmezufuhr Q dieselbe Oberflächentemperatur t_F wie im ersten Raum besitzt, so nennt man t'_L die dem ersten Raum zugehörige gleichwertige Temperatur.

Man gelangt so zu der folgenden Begriffsbestimmung:

Die gleichwertige Temperatur eines zu untersuchenden Raumes ist gleich der Temperatur eines Vergleichsraumes mit ruhender Luft und übereinstimmender Luft- und Wandtemperatur, in dem ein physikalischer Körper von bestimmter Oberflächentemperatur in der Zeiteinheit die gleiche Wärmemenge verliert wie in dem zu untersuchenden Raum.

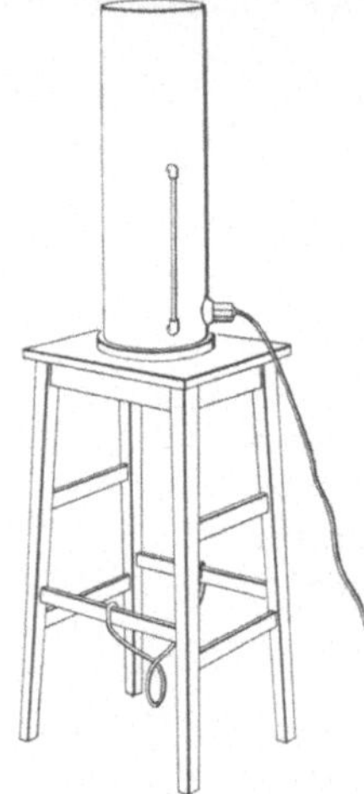

Abb. 9. Eupatheoskop nach DUFFON.

Zur Messung der gleichwertigen Temperatur wird das von DUFTON[1] angegebene Eupatheoskop benutzt. Dieses Gerät ist so entwickelt worden, daß es die Wirkung der thermischen Verhältnisse eines Raumes auf den menschlichen Körper angenähert wiederzugeben vermag; denn es besitzt 1. eine ausreichende Größenabmessung und ist 2. in seiner Strahlung und Oberflächentemperatur dem menschlichen Körper möglichst angepaßt worden.

Das Gerät (Abb. 9) besteht aus einem elektrisch beheizbaren, geschwärzten Zylinder von 55,8 cm Höhe und 19 cm Durchmesser. Durch Änderung der Wärmezufuhr kann seine Oberflächentemperatur t_F beliebig eingestellt und dann mittels selbsttätiger Regelung auf gleicher Höhe gehalten werden. Die zugeführte Wärme ergibt sich durch Messung von Strom und Spannung. Vom eigentlichen Heizstrom des Zylinders zweigt ein Teilstrom ab, der zur Erwärmung eines gewöhnlichen Thermometers dient, dessen Gefäß im Innern und dessen Stiel an der Außenwand des Zylinders angebracht ist. Da Heiz- und Abzweigstrom in bestimmtem Verhältnis zueinander stehen, kann nach besonderer Eichung an diesem Thermometer die zugeführte Wärmemenge Q oder auch die entsprechende gleichwertige Temperatur abgelesen werden.

Die Oberflächentemperatur t_F des Zylinders muß jeweils der Oberflächentemperatur des Körpers angepaßt werden. Nach vielen Messungen am normal bekleideten Menschen hat BEDFORD[2] folgende Gleichung aufgestellt:

$$t_M = 12{,}5 + 0{,}67\,t_L\,,$$

worin t_M die mittlere Oberflächentemperatur des menschlichen Körpers in °C und t_L die Lufttemperatur in °C bedeutet.

[1] Building Res. Bd. Technical Paper **1932**, Nr 13.
[2] Med. Res. Counc. Ind. Health Res. Bd. **1936**, Nr 76 (London).

Die hieraus abgeleitete Gleichung

$$t_M - t_L = 0{,}33 \cdot (37{,}8 - t_L)$$

ergibt für die Einstellung der Oberflächentemperatur des Eupatheoskops folgende einfache Gedächtnisregel:

„Der Unterschied zwischen der Oberflächentemperatur des Geräts und der Lufttemperatur soll ein Drittel des Unterschiedes zwischen der Bluttemperatur und der Lufttemperatur betragen."

BEDFORD hat ferner eine Formel zur Errechnung der gleichwertigen Temperatur t'_L aus den Werten von t_L, t_W und w (Luftgeschwindigkeit) angegeben, die auf unser Maßsystem umgerechnet folgendermaßen lautet:

$$t'_L = 0{,}522\,t_L + 0{,}478\,t_W - 0{,}205\,\sqrt{w}\,(37{,}8 - t_L),$$

wobei t_L und t_W in °C und w in m/s anzugeben ist.

Zahlentafel 6.

$t°$	A	B	C für Luftgeschwindigkeit w in m/s				
			0,1	0,2	0,3	0,4	0,5
15	7,83	7,17	1,48	2,09	2,56	2,95	3,30
16	8,35	7,65	1,41	2,00	2,45	2,83	3,17
17	8,88	8,12	1,35	1,91	2,33	2,69	3,02
18	9,40	8,60	1,28	1,82	2,22	2,57	2,87
19	9,92	9,08	1,22	1,73	2,11	2,44	2,73
20	10,44	9,56	1,15	1,63	2,00	2,31	2,58
21	10,96	10,04	1,09	1,54	1,88	2,18	2,43
22	11,48	10,52	1,02	1,45	1,77	2,05	2,29
23	12,00	11,00	0,96	1,36	1,66	1,92	2,14
24	12,52	11,48	0,90	1,27	1,55	1,79	2,04
25	13,05	11,95	0,83	1,17	1,43	1,66	1,85

Zur schnellen Errechnung der gleichwertigen Temperatur kann die beigegebene Zahlentafel 6 verwendet werden, welche die drei Glieder der rechten Seite der Gleichung, nämlich

$$A = 0{,}522\,t_L\,; \qquad B = 0{,}478\,t_W\,; \qquad C = 0{,}205\,\sqrt{w} \cdot (37{,}8 - t_L)$$

für den gewöhnlich vorkommenden Temperatur- und Geschwindigkeitsbereich der Luft im Raum enthält.

Rechnungsbeispiel:

$$t_L = 19°, \quad t_W = 15°, \quad w = 0{,}3\ \mathrm{m/s}$$

$$
\begin{aligned}
A &= 9{,}92 \\
B &= 7{,}17 \\
\hline
A + B &= 17{,}09 \\
-\,C &= 2{,}11 \\
\hline
A + B - C &= 14{,}98
\end{aligned}
$$

Die gleichwertige Temperatur t'_L wäre also 15°C.

7. Die wirksame Strahlungswärme. Das Globusthermometer.

Um die für die Behaglichkeitswirkung eines Raumes oder einer Raumheizart in Betracht kommende „wirksame Strahlungswärme" (effectual radiation) zu ermitteln, hat in England VERNON ein sehr einfaches Gerät benutzt, das er Globusthermometer nennt. Es besteht aus einer mattschwarz gestrichenen, kupfernen Hohlkugel von 15,2 cm Durchmesser, in die bis zur Mitte ein gewöhnliches Quecksilberthermometer eingesteckt ist (Abb. 10). Der Unterschied zwischen der Anzeige des Globusthermometers und der eines gewöhnlichen strahlungsgeschützten Thermometers, d. h. die Strahlungsübertemperatur, wird von VERNON als Maß für die an der Beobachtungsstelle wirksamen Strahlungswärme verwendet. Das Gerät erinnert, abgesehen von der Größe der Hohlkugel und der teilweise feuchtgehaltenen Oberfläche, sehr an das resultierende Thermometer von MISSENARD. Die Trägheit des Globusthermometers ist erheblich; denn es benötigt bis zur Erreichung der Höchsttemperatur eine Einstellzeit von etwa 15 Minuten.

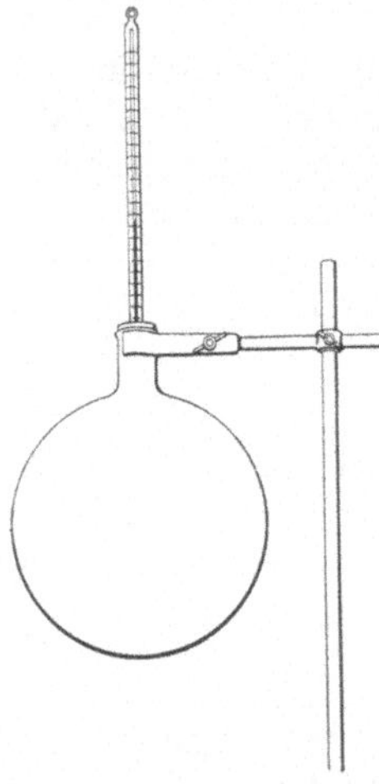

Abb. 10. Globusthermometer nach VERNON.

Nachstehend (Zahlentafel 7) seien einige Messungen wiedergegeben, die VERNON mit einem stoffbekleideten Gerät in ver-

Zahlentafel 7.

Heizquelle	Abstand in m	Lufttemperatur in ° C	Strahlungsübertemperatur in ° C	Globusthermometer in ° C
Gasfeuer . . .	1,8	9,6	7,1	16,7
	2,1	12,1	4,3	16,4
	2,8	14,0	2,6	16,6
Kamin	1,8	13,6	3,5	17,1
	1,8	15,0	1,3	16,3
	2,1	16,2	0,2	16,4
Deckenheizung .	2,7	16,0	0,9	16,9
	4,6	16,5	0,7	17,2

schiedenen Abständen von drei verschiedenen Heizquellen ausführte, wobei an den Beobachtungsstellen von mehreren Personen das gleiche Wärmegefühl „angenehm warm" angegeben wurde.

Da bei der gleichen Behaglichkeitsangabe der Versuchspersonen das Globusthermometer nicht wesentlich verschiedene Temperaturen (16,3—17,2) anzeigt, so schließt VERNON, daß es zur angenäherten Messung der Behaglichkeitswirkung verschiedener Wärmequellen brauchbar sei.

Nachprüfungen haben aber ergeben, daß das Gerät keine allgemeingültigen Anhaltspunkte zur Behaglichkeitsbeurteilung liefern kann, weil es je nach den Umgebungsverhältnissen auf Luftbewegungen ganz verschieden anspricht. Haben nämlich Wand- und Raumtemperatur denselben Wert, so bleiben Luftbewegungen ohne Einfluß auf das Gerät, liegen aber die Wandtemperaturen unter der Lufttemperatur, so gleicht sich mit zunehmender Luftbewegung die Anzeige der Höhe der Lufttemperatur an. Das bedeutet aber, daß zwei für die menschliche Entwärmung sehr wichtige Abkühlungseinflüsse im Meßergebnis nicht richtig zum Ausdruck kommen.

Erwähnt sei noch, daß von BEDFORD[1] Ableitungen entwickelt worden sind, die mit Hilfe des Globusthermometers und des trockenen Katathermometers die gleichwertige Temperatur zu ermitteln gestatten.

8. Homöotherm. Wetterfrigorimeter. Abkühlungsschreiber. Zur Klärung der Frage, welche Kühlwirkung das zu verschiedenen Zeiten und an verschiedenen Orten herrschende Wetter auf einen erwärmten Körper ausübt, empfahl FRANKENHÄUSER[2] wohl erstmalig in Deutschland ein Meßgerät, das er Homöotherm nannte (Abb. 11). Es besteht aus einem zylindrischen, mit Wasser gefüllten Gefäß aus dünnem Kupferblech, in das ein gewöhnliches Thermometer mit einem Anzeigebereich von 30—40° eingeführt ist. Der Kupferzylinder ist mit 100 cm² Oberfläche und 100 cm³ Inhalt so gewählt worden, daß eine Temperaturabsenkung seines Wasserinhaltes um 1° einem Wärmeverlust von 1 gcal/cm² entspricht. Die Erwärmung des Gerätes auf 35° erfolgt an dem Zylindermantel mittels einer Flamme. Die Messungen sind mit nackter oder stoffbedeckter Mantelfläche durchzuführen. Zur Bedeckung dient ein Überzug aus Baumwolltrikot, der, wenn Feuchtigkeitseinflüsse mituntersucht werden sollen, feucht zu halten ist.

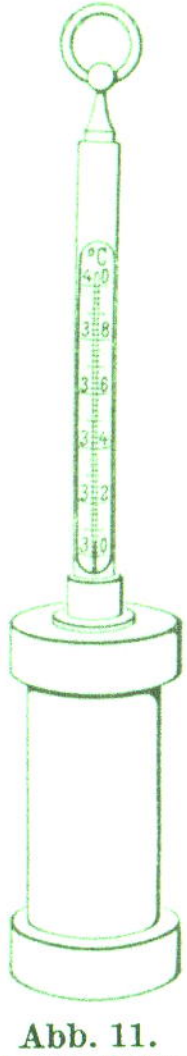

Der Homöotherm hat wegen seiner unhandlichen Bauart und seiner Fehlerquellen keine Bedeutung erlangt. Von damit durch-

Abb. 11.
Homöotherm.

---

[1] J. of Hyg. **34**, 458 (1934).
[2] Z. Baln. **4**, 439 (1911/12).

geführten Versuchen sind nur die von JÖTTEN[1] bekanntgeworden, denen auch das Kurvenbild Abb. 12 entnommen ist. Das Gerät ist jedoch aus geschichtlichen Gründen erwähnenswert, weil es als Ausgangspunkt der Entwicklung von Abkühlungsgeräten betrachtet werden darf.

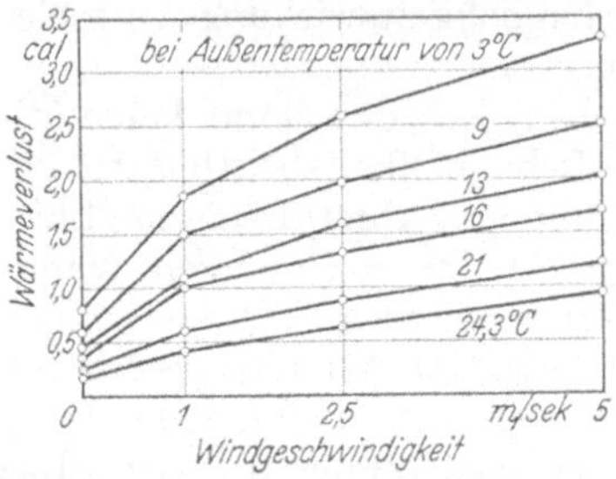

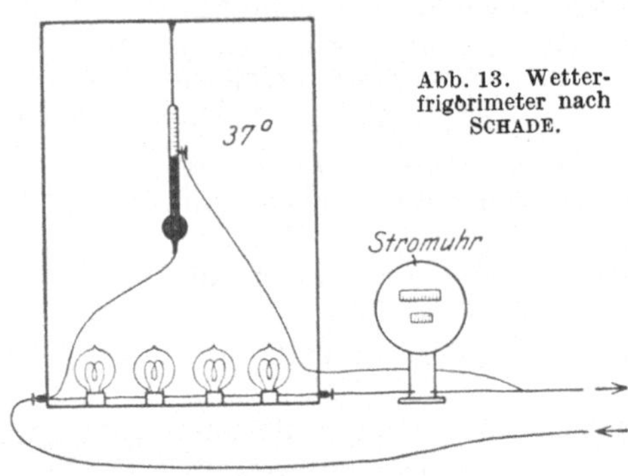

Abb. 12. Wärmeverluste des Homöotherm bei verschiedenen Umgebungsbedingungen.

Ebensowenig wie der Homöotherm scheint auch das 10 Jahre später von SCHADE[2] angegebene „Wetterfrigorimeter" Anklang gefunden zu haben. Dieses Gerät sollte ebenfalls der Ermittlung des „summarischen Abkühlungsvermögens, wie es jeweils für die atmosphärische Luft eines Ortes aus dem Zusammenwirken der sämtlichen Wetterfaktoren resultiert", dienen. Es handelt sich (Abb. 13) um ein großes, allseitig gegen die Außenluft abgeschlossenes Wassergefäß, dessen Inhalt durch elektrische Heizung mit thermostatischer Regelung auf 37° gehalten wird. Der jeweils zur Aufrechterhaltung dieser Temperatur benötigte und an einer Uhr abzulesende Heizstrom wird als Maß für die Abkühlungsstärke der das Gerät umspülenden Außenluft benutzt.

Abb. 13. Wetterfrigorimeter nach SCHADE.

Unter dem Namen „Abkühlungsschreiber" ist ein von JÖTTEN und GRUBE[3] entwickeltes Gerät bekannt geworden. Die Anregung dazu gaben JÖTTENs Versuche mit dem Homöotherm. Als Abkühlungskörper (Abb. 14) wird ein elektrisch beheizbarer Zylinder von 40 cm Höhe und 11 cm Durchmesser benutzt. Er ist von einem starken Drahtnetz umhüllt, über das noch ein feiner Fliegendraht angeordnet ist. Darüber können noch ein oder zwei Umhüllungen aus Verbandmull gelegt

---

[1] Z. Hyg. 103, 78 (1924).
[2] BETHE-v. BERGMANN-EMBDEN-ELLINGER: Handb. norm. u. path. Physiol. 17, Corr. III, S. 398. Berlin: Julius Springer 1925.
[3] Gesdh.ing. 57, 669 (1934).

werden. Zur Temperaturregelung werden sog. Stabregler verwendet, die je nach dem gewünschten Meßbereich auf 35—38° oder 35—40° usw. eingestellt sind. Die Heiz-
drahtlänge kann eben-
falls nach Bedarf ab-
gestuft werden, um
ganz verschiedenen Ab-
kühlungsansprüchen
(Sommer, Winter, Ver-
sammlungsräume usw.)
entsprechen zu kön-
nen. Der zur Heizung
des Abkühlungskörpers
benötigte Strom wird
selbsttätig in Form
einer Verbrauchszick-
zackkurve in Abhän-
gigkeit von der Zeit
aufgeschrieben (Ab-
bildung 15). Auf der
rechten Ordinate des
Kurvenblattes können

Abb. 14. Abkühlungsschreiber nach Jötten und Grube.

die zugeführten Wärmemengen und auf der linken Ordinate die Dauer und Stärke der Abkühlung bestimmt werden.

Das Gerät bietet drei
Veränderungsmöglichkeiten,
nämlich 1. drei Arten der
Bekleidung des Abkühlungskörpers, 2. Änderung der
Heizungsstärke und 3. Än-
derung des Abkühlungs-
bereichs durch Umstellung
der Schaltkontakte an den
Stabreglern. Für jede dieser
Änderungen wird die Be-
rechnung der erhaltenen
Abkühlungswirkung eine andere. Für praktische Zwecke
ist die Einstellung des Geräts

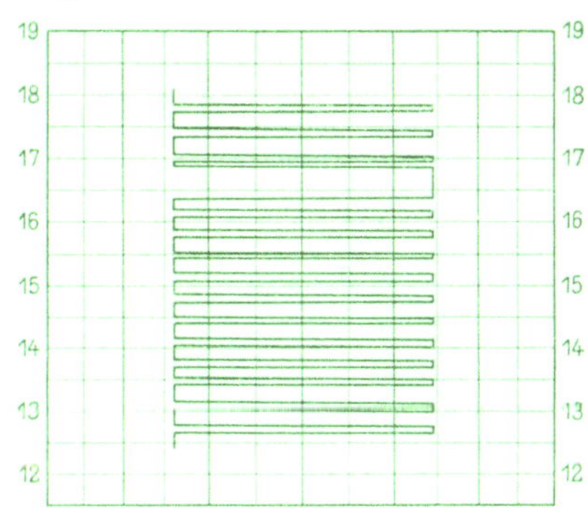
Abb. 15. Schreibkurve des Abkühlungs-
schreibers.

so vorzunehmen, daß sich die Anheiz- zur Abkühlungszeit für die voraussichtlich in Frage kommenden mittleren Temperatur-, Feuchtigkeits- und Windverhältnisse wie 1:1 verhält. Damit wird die beste Veränderungsmöglichkeit an den beiden Ordinatenseiten erreicht. Ist die normale Abkühlungswirkung eines bestimmten Luftzustandes bekannt und vergrößert oder verkleinert sie sich im Laufe der Beobachtung, so gibt die Abweichung von dem normalen Bild Aufschluß über die zu ermittelnde Veränderung des Luftzustandes.

9. Das Davoser Frigorimeter. Ein Gerät, das vor allem in der medizinischen Klimatologie erhebliche Verbreitung bereits gefunden hat, ist das von THILENIUS und DORNO[1] entwickelte „Davoser Frigorimeter“ (Abb. 16). Es besteht aus einer elektrisch

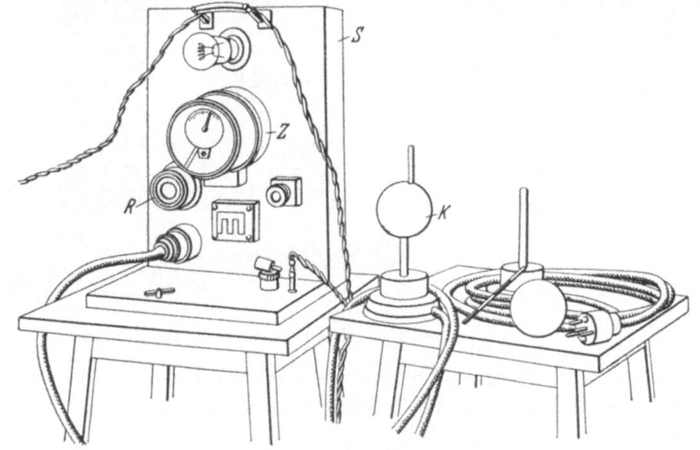

Abb. 16.   Davoser Frigorimeter.   (Aus KLEINSCHMIDT, Handbuch der meteorologischen Instrumente. Berlin: Julius Springer 1935.)

beheizbaren, massiven, geschwärzten Kupferkugel von 7,5 cm Durchmesser, in der ein kleines, für Kontrollablesungen bestimmtes Thermometer und außerdem ein zur Betätigung eines Relais dienendes Widerstandsthermometer eingeführt sind. Die Kugel ist mit einem Schaltbrett verbunden, auf dem sich eine Uhr nebst Steckkontakt und Relais sowie zwei Vorschaltwiderstände befinden. Von hier aus erfolgt der Anschluß des Geräts an das Leitungsnetz. Die Kugel wird dauernd auf etwa 36,5° gehalten; die Uhr läuft nur, wenn der Kugel Heizstrom zufließt. Je nach der Kühlwirkung der Umgebung kann der Kugel ein Heizstrom von 5 oder 20 oder 80 mgcal/cm^2·s zugeführt werden. Steigt ihre Temperatur über 36,5°, so wird vom Relais der Heizstrom ausgeschaltet, fällt die Temperatur um 2—3 Zehntelgrade unter

---

[1] Meteorol. Z. **48**, 254 (1931).

36,5°, so wird der Strom wieder eingeschaltet. Im genau gleichen Zeitmaß wird auch die Uhr an- und abgestellt.

Ist q die gewählte Wärmezufuhr, z die an der Meßuhr abgelesene Gesamtzeit der Heizintervalle und z' die gesamte Versuchsdauer, so erhält man mit

$$A = \frac{z}{z'} \cdot q \,[\mathrm{mgcal/cm^2 \cdot s}]$$

die mittlere Abkühlungsgröße während der Beobachtungsdauer.

Beispiel: Die erste Ablesung erfolge um 8.30 Uhr und die Zähluhr zeige 2 Uhr 10 Minuten. Die zweite Ablesung geschehe um 16.10 Uhr und ergebe einen Zähluhrstand von 4 Uhr 6 Minuten. In der Gesamtzeit von 7 Stunden 40 Minuten = 460 Minuten sind dann 1 Stunde und 56 Minuten = 116 Minuten lang geheizt worden. Hat der Heizstrom während der Meßdauer 20 mgcal/cm² · s betragen, so ergibt sich die mittlere Abkühlungsgröße zu

$$\frac{116}{460} \cdot 20 = 5{,}04 \,\mathrm{mgcal/cm^2 \cdot s}.$$

Werden beim Frigorimeter nach dem Vorgehen von ROOSE[1] eine schwarze und eine blanke Meßkugel verwendet, so lassen sich mit Hilfe bestimmter Formeln genaue Bestimmungen der Luftgeschwindigkeit, der mittleren Wandtemperatur und der resultierenden Temperatur (vgl. S. 26) durchführen, die für die Beurteilung von Heizungsarten wichtige Aufschlüsse geben können.

Da für das Ausmaß der Ein- und Ausstrahlung der Schwärzegrad des Meßkörpers eine wesentliche Rolle spielt, ist seine unveränderliche Gleichmäßigkeit erforderlich, wenn die mit verschiedenen Geräten erhaltenen Ergebnisse vergleichbar sein sollen. Nach Untersuchungen von BÜTTNER[2] dürfte er bei den damals in Gebrauch gewesenen Geräten zwischen 50 und nahezu 100% geschwankt haben.

10. Der Frigorigraph. Im Rahmen der Arbeiten der Bioklimatischen Forschungsstelle an der Universität Kiel haben PFLEIDERER und BÜTTNER[3] ein als Frigorigraph bezeichnetes Abkühlungsgerät entwickelt, das sich vom Davoser Frigorimeter wesentlich durch die bessere Anpassung des Abkühlungskörpers an die Wärmeübergangsverhältnisse an der menschlichen Haut unterscheidet. Diese Anpassung erforderte 1. eine Vergrößerung

---

[1] ROOSE, H.: Neue elektro-thermische Meßmethoden zur Kennzeichnung eines Raumklimas. Diss. Techn. Hochschule. Zürich 1937.

[2] Meteorol. Z. **50**, 125 (1933).

[3] Vgl. PFLEIDERER-BÜTTNER: Grundlagen der Hautthermometrie. Leipzig: Barth 1935. (Daselbst weiteres Schrifttum.)

der Abkühlungskugel auf 15 cm Durchmesser (statt 7,5 beim Frigorimeter), 2. einen besonderen in der Strahlzahl mit der Haut übereinstimmenden, mattgelben Farbanstrich und 3. eine bei den verschiedensten Umgebungseinflüssen der jeweiligen mittleren Hauttemperatur nahekommende Oberflächentemperatur der Kugel. Hervorzuheben ist besonders, daß PFLEIDERER und BÜTTNER bei ihren Untersuchungen nicht mit der Abkühlungsgröße, sondern mit der Abkühlungstemperatur, d. h. der Oberflächentemperatur des Abkühlungskörpers, arbeiten. Inwieweit die letztere mit der mittleren Hauttemperatur des ruhenden, nackten, menschlichen Körpers übereinstimmt, ist aus der folgenden Zusammenstellung (Zahlentafel 8) ersichtlich:

Zahlentafel 8.

Abkühlungstemperatur der Kugel in °C	Mittlere Hauttemperatur in °C
20	23,5
25	26,8
30	30,3
35	33,7
40	36,0

Nach den Versuchen von PFLEIDERER und BÜTTNER stehen auch der Wärmeumsatz und die Wasserdampfabgabe des Menschen in enger Beziehung zur Abkühlungstemperatur.

Über die Bauart und den Betrieb des Abkühlungsgerätes kann aus der Gebrauchsanweisung der Herstellerfirma[1] Näheres entnommen werden, wovon hier nur folgendes kurz vermerkt sei:

Von der Abkühlungskugel gehen zwei Leitungspaare aus, von denen das eine zum Schaltkasten führt, das andere der Zuführung des Heizstromes dient. Erforderlich ist Gleich- oder Wechselstrom von 0,4 A oder eine Spannung von 20 V an den Enden der Heizleitung. Die Kugel selbst besteht aus zwei konzentrischen Kupferhohlkugeln. An der Innenwand der inneren Kugel befindet sich die Heizwicklung und zwischen den beiden Kugeln die Wicklung des Widerstandsthermometers. Der Kugel wird durch die Heizwicklung dauernd die gleiche Wärmemenge je Zeiteinheit zugeführt. Das Widerstandsthermometer befindet sich in einer Brückenschaltung, worin der Schleifdrahtwiderstand durch feste abgestufte Widerstände ersetzt ist. Die dazugehörigen Stöpselstufen sind von 10 zu 10° geeicht, so daß bei der benutzten Schaltung, z. B. bei der Stöpselstufe 2 und einem Galvanometerausschlag von 13 Skalenteilen sich eine Abkühlungstemperatur von $10 \cdot 2 + 13 = 33°$ ergibt. Augenblickswerte sind sofort ablesbar.

Der besondere Vorteil dieses Abkühlungsgerätes liegt tatsächlich in der guten Anpassung des Abkühlungskörpers an die Wärmeübergangseigenschaften der menschlichen Haut. Hierdurch ist es möglich, ganz bestimmte Einblicke in die von der Luftumgebung

---

[1] Herstellerfirma: W. Voß, Kiel, Hafenstraße 25.

abhängige Regelung der Hauttemperatur und damit auch in den Energiehaushalt des Körpers selbst zu gewinnen. Da in das Gerät kein Relais eingebaut ist, ist seine Wetter- und Betriebssicherheit verhältnismäßig hoch. Seine Verwendbarkeit für andere klimatische Verhältnisse als an der Nordsee und für den Normalfall des bekleideten Menschen wäre aber noch zu erproben.

Zusammenfassung. Aufgabe dieses Teiles unseres Buches sollte sein, eine kurze Darstellung des heutigen Standes unserer Kenntnisse über die verschiedenen, in den letzten Jahren in Gebrauch gekommenen Temperaturbegriffe, Behaglichkeitsmaßstäbe und Meßverfahren zu geben. Dabei ist, soweit es in diesem Rahmen möglich war, versucht worden, den Gang der Entwicklung nachzuzeichnen. Lückenlose Vollständigkeit ist nicht beabsichtigt gewesen, aber hoffentlich ist heute der Glaube überwunden, jede Beschäftigung auf diesem Gebiet mit der Einführung eines neuen Begriffes und eines besonderen Meßgerätes beginnen zu müssen. Not tut vielmehr jetzt eine eingehende kritische Beschäftigung mit den einzelnen Vorschlägen, wofür wir mit unserer Zusammenstellung anregen wollten.

Unsere Auffassung geht im übrigen dahin, daß eine Beurteilung vom Verwendungszweck ausgehen muß, d. h. ob Hilfsmittel für Forschungsarbeiten auf dem Gebiet der Klimaphysiologie im weiteren Sinn benötigt oder einfache Meßverfahren gesucht werden, die den praktischen Ansprüchen einer physikalischen Untersuchungsweise mit physiologischer Nutzanwendung entsprechen sollen, wie sie für klimatische und insbesondere raumklimatische Zwecke gebraucht werden. Solche Meßverfahren müssen in erster Linie handlich sein und dürfen keine umfangreichen Zusatzgeräte, Bindungen an elektrische Stromquellen usw. verlangen, um für den Gebrauch in der Praxis anwendbar zu sein.

Da wir uns in dieser Hinsicht besonderen Nutzen vom *Katathermometer* versprechen, soll diesem Instrument im folgenden Abschnitt, in Verbindung mit dem Vorhergegangenen, eine besondere Darstellung gewidmet werden.

III. Das Katathermometer und die Verwertung der Katawerte für Behaglichkeitsfeststellungen.

1. Abkühlungsgröße und Abkühlungstemperatur. Verschiedene im vorhergehenden Abschnitt besprochene Meßgeräte, wie der Homöotherm, das Wetterfrigorimeter, der Abkühlungsschreiber, das Davoser Frigorimeter, der Frigorigraph und das Eupatheoskop, können als Abkühlungsmeßgeräte bezeichnet werden,

denn sie benutzen zur Messung alle einen über die Temperatur
der Umgebungsluft erwärmten physikalischen Körper, dem Wärme
durch seine Umgebung entzogen wird. Die dabei auf den Körper
ausgeübte Abkühlungswirkung ist in zweifacher Weise durch
Messung erfaßbar:

1. Es kann die *Abkühlungsgröße*, d. h. die dem Körper bei
gleichbleibender Oberflächentemperatur je Zeit- und Oberflächen-
einheit entzogene Wärmemenge, ermittelt werden (z. B. Davoser
Frigorimeter). .

2. Es kann die *Abkühlungstemperatur*, d. h. die bei gleichbleibender Wärmezufuhr sich einstellende Oberflächentemperatur
des Körpers, zur Messung gelangen (z. B. Frigorigraph).

Da nach den Gesetzen des Wärmeüberganges die auf den Meß-
körper ausgeübte Abkühlungswirkung nicht nur von dem physikalischen Zustand der Umgebung, sondern auch von der Oberflächentemperatur, Größe, Form und Oberflächenbeschaffenheit
des benutzten Körpers abhängt, so folgt, daß die Abkühlungsgröße
oder Abkühlungstemperatur keine eindeutigen Größen zur Kennzeichnung eines Luftzustandes darstellen, wie etwa die Temperatur
und Geschwindigkeit der Luft. Man kann daher in der gleichen
Umgebung so viele Abkühlungsgrößen oder -temperaturen ermitteln, als man verschiedenartige Abkühlungsgeräte zur Verfügung hat. Dieser Umstand führt bei dem Vergleich der an
verschiedenen Orten und mit verschiedenen Geräten gemessenen
Abkühlungsgrößen, z. B. bei klimatischen Untersuchungen, immer
zu erheblichen Schwierigkeiten, die nur durch eine Vereinheit-
lichung des Abkühlungsmeßverfahrens überwunden werden
können. Als der bedeutsamste Schritt in dieser Hinsicht darf
die Ermittlung von Abkühlungsgrößen mit dem von HILL angegebenen Katathermometer[1] betrachtet werden, weil dieses Gerät
wegen seiner Billigkeit und Einfachheit im Vergleich zu den früher
beschriebenen Abkühlungsgeräten für jedermann leicht beschaff-
bar und verwendbar ist, und weil selbst die oft notwendige gleich-
zeitige Messung mit mehreren Katathermometern, z. B. an verschiedenen Stellen eines Raumes, noch keine erheblichen Geld-
kosten erfordert. Tatsächlich ist das Katathermometer auch schon
seit fast zwei Jahrzehnten bei zahlreichen raum- und außenklimatischen Untersuchungen benutzt worden, so daß bereits ein ausge-
dehntes, für weitere Arbeiten wertvolles Vergleichsmaterial vorliegt.

2. Beschreibung und Gebrauch des Katathermometers. Das
im Jahre 1916 von dem englischen Hygieniker LEONHARD HILL

---

[1] The Kata-Thermometer in Studies of Body Heat and Efficiency,
London: His Majesty's Stationary Office 1923.

angegebene Katathermometer ist in Abb. 17 dargestellt und wird
in derselben Form noch heute gebraucht. Es ist ein Alkoholstab-
thermometer mit großem Flüssigkeitsbehälter. Dieser soll immer
eine Länge von 4 cm und einen Außendurchmesser von
1,8 cm haben, damit alle Katathermometer die gleiche
Gefäßoberfläche besitzen. Auf dem Thermometerstiel
sind nur die beiden Temperaturen 38 und 35° vermerkt,
deren Mittelwert von 36,5° etwa der mittleren menschlichen Körpertemperatur gleichkommt. Die Kapillare besitzt eine untere und eine obere Erweiterung. Erstere
dient der Verkürzung des Alkoholfadens bis zur Temperatur von 35°, letztere der Aufnahme des Alkohols
bei Erwärmung über 38°.

Zum Gebrauch muß das Thermometer so weit aufgewärmt werden, bis der Alkohol die obere Erweiterung
der Kapillaren teilweise füllt. Wird hier zu ein Wasser-
bad benutzt, so muß das Gerät dann noch sorgfältig mit
einem weichen Tuch abgetrocknet werden. Schließlich
muß es an der Beobachtungsstelle so aufgehängt werden,
daß es nicht pendeln kann. Nun wird mit einer Stoppuhr
die Zeit gemessen, die der Alkoholfaden braucht, um von
38 auf 35° abzusinken, und außerdem wird an einem
neben dem Katathermometer aufgehängten strahlungsgeschützten, guten Quecksilberthermometer die Lufttemperatur — möglichst auf $^1/_{10}°$ genau — abgelesen.

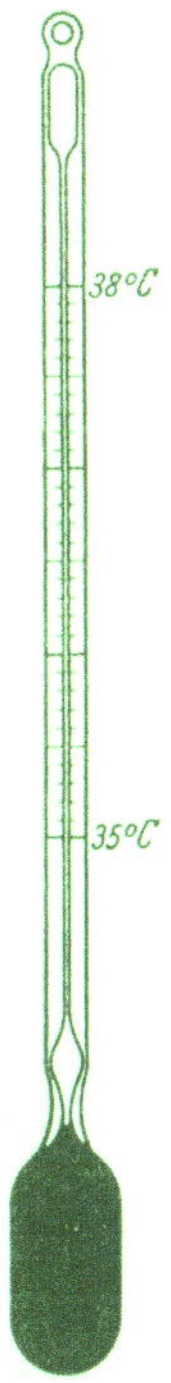

**3. Die physikalische Grundgleichung der Abkühlungs-
größe.** Dem Gefäß des Katathermometers wird bei der
Abkühlung von 38 auf 35°, also in der Zeit z,
immer die gleiche Wärmemenge Q' entzogen.
Nach HILL wird aber nicht Q', sondern die
auf 1 cm² Gefäßoberfläche bezogene Wärme-
menge Q benutzt, die durch Eichung ermittelt und deren Wert
in mgcal/cm² auf dem Thermometerstiel eingeätzt wird. Unter
Vernachlässigung der geringen, vom Gefäß zum Stiel durch Leitung abfließenden Wärme kann man nach dem Gesetz des Wärmeüberganges für Q folgende Gleichung ansetzen:

$$Q = \alpha \cdot \Theta_m \cdot z.$$

Hierin ist:

$\Theta_m = 36,5 - t_L$ der mittlere Temperaturunterschied zwischen
Gefäßoberfläche und Luft in °C,

$\alpha = \dfrac{Q}{\Theta_m \cdot z}$ die mittlere äußere Wärmeübergangszahl in
mgcal/cm² · s · °C.

Abb. 17. Katathermometer.
(Aus RIETSCHELS Leitfaden
der Heiz- und Lüftungstechnik. 10. Aufl. Berlin: Julius
Springer 1934.)

Bildet man den Bruch $A = Q/z$, so erhält man die gesuchte unter 1. definierte Abkühlungsgröße, die häufig auch „Katawert" oder „Kühlstärke der Luft" genannt wird. Für A gilt dann:

$$A = \frac{Q}{2} = \alpha \cdot \Theta_m = \alpha \cdot (36{,}5 - t_L) \quad \text{in} \quad \left[\frac{\text{mgcal}}{\text{cm}^2 \cdot \text{s}}\right].$$

Das Katathermometer wird in den meisten Fällen mit trockener Gefäßoberfläche benutzt, und die so gemessene Abkühlungsgröße A wird daher auch als „trockene Abkühlungsgröße" bezeichnet zum Unterschiede von der feuchten Abkühlungsgröße A_f, die man erhält, wenn über das Gefäß ein befeuchteter Musselinstrumpf gezogen wird. Im folgenden ist mit der Bezeichnung Abkühlungsgröße immer die trockene gemeint.

Da es sich beim Katathermometer um einen Abkühlungsvorgang zwischen den Temperaturen 38 und 35° handelt, so sollte nach dem NEWTONschen Abkühlungsgesetz der mittlere Temperaturunterschied Θ_m nach der folgenden Gleichung berechnet werden:

$$\Theta_m = \frac{38 - 35}{\ln\dfrac{38 - t_L}{35 - t_L}}.$$

In nachstehender Zahlentafel 9 sind einige mit dieser genauen Formel und mit $\Theta_m = 36{,}5 - t_L$ berechnete Werte des mittleren Temperaturunterschiedes zusammengestellt:

Zahlentafel 9.

t_L	0°	10°	20°	25°	28°	30°	32°	34°
$\Theta_m = 36{,}5 - t_L$.	36,5	26,5	16,5	11,5	8,5	6,5	4,5	2,5
Θ_m (genaue Formel) . . .	36,5	26,5	16,5	11,45	8,39	6,38	4,33	2,16

Hieraus ist zu ersehen, daß man — falls es auf eine möglichst genaue Ermittlung von Abkühlungsgrößen ankommt — bei Lufttemperaturen über 25° den mittleren Temperaturunterschied Θ_m mit der logarithmischen Formel berechnen muß.

4. Die Abkühlungsgröße A_r in ruhiger Luft. Unter ruhiger Luft in der Umgebung eines Katathermometers wird die Luft eines Raumes verstanden, dessen Umschließungswände an allen Stellen die gleiche Temperatur wie die eingeschlossene Luft haben. In einem solchen Raum kann keine andere Luftbewegung zustande kommen als der vom erwärmten Thermometergefäß erzeugte geringe Auftrieb der Luft. Diese Auftriebsbewegung wird freie Konvektion oder freie Strömung genannt im Gegensatz zur erzwungenen Strömung, wobei künstlich bewegte Luft am Thermometer vorbeigeführt wird. Nach HILL lautet die Gleichung für die Abkühlungsgröße in ruhiger Luft:

$$A_r = 0{,}27 \cdot \Theta_m \,.$$

HILL rechnet also für alle Lufttemperaturen mit einer gleichbleibenden Wärmeübergangszahl von $\alpha = 0{,}27$. Diese Annahme HILLS steht nicht nur mit den Gesetzen des Wärmeüberganges, sondern auch mit seinen eigenen Versuchsergebnissen in Widerspruch. Aus letzteren konnte BRADTKE die Formel:

$$A_r = 0{,}22 \cdot \Theta_m^{1,06} = \underbrace{0{,}22 \cdot \Theta_m^{0,06}}_{\alpha} \cdot \Theta_m$$

ableiten, die bereits 1928 veröffentlicht wurde[1].

Den Wärmeübergangsgesetzen entsprechend, zeigt diese Formel deutlich die Veränderlichkeit der Wärmeübergangszahl α mit der Übertemperatur Θ_m. Ohne hiervon zu wissen, kamen im Jahre 1933 BEDFORD und WARNER[2] ebenfalls zu dem Ergebnis, daß die Abkühlungsgröße in ruhiger Luft von der 1,06ten Potenz der Übertemperatur Θ_m abhängig ist. Sie rechnen jedoch, wie ihre Formel

$$A_r = 0{,}27\, \Theta_m^{1,06}$$

zeigt, mit einem wesentlich höheren Beiwert (0,27 statt 0,22), der, wie späterhin gezeigt werden soll, nicht mit ihrer und der HILLSchen Gleichung für bewegte Luft in Einklang zu bringen ist.

Da in Wirklichkeit ruhige Luft in den uns umgebenden Räumen nicht vorkommt, so haben die vorstehenden Angaben hauptsächlich für die Eichung von Katathermometern Bedeutung, die meist in einem Eichkasten (Thermostaten) mit ruhender Luft durchgeführt wird[3].

5. Der Strahlungs- und Konvektionsanteil in der Abkühlungsgröße A_r. In der Grundgleichung für die Abkühlungsgröße

$$A_r = \alpha_r \cdot (36{,}5 - t_L)$$

ist die Wärmeübergangszahl α_r gleich der Summe aus der Wärmeübergangszahl α_s durch Strahlung und der Wärmeübergangszahl α_k durch Konvektion und Leitung, d. h.

$$\alpha_r = \alpha_s + \alpha_k \,.$$

---

[1] RIETSCHELS Leitfaden der Heiz- und Lüftungstechnik. 8. Aufl., S. 148. Berlin: Julius Springer 1928.
[2] J. of Hyg. **33**, 330 (1933).
[3] SCHULZE, W., u. O. M. FABER: Eichung von Katathermometern. Glückauf **1927**, H. 46.

Für die Abkühlungsgröße durch Strahlung gelten die beiden Gleichungen:

$$A_s = C_s \cdot \left[\left(\frac{273 + 36,5}{100} \right)^4 - \left(\frac{273 + t_L}{100} \right)^4 \right] \,{}^1,$$

$$A_s = \alpha_s \cdot \Theta_m \,.$$

Die erstere entspricht dem STEPHAN-BOLTZMANNschen Gesetz. In ihr ist $C_s = 0,129$ die Strahlzahl der Glasoberfläche des Katathermometergefäßes, die nach E. SCHMIDT[2] 93,7% derjenigen des schwarzen Körpers ($C = 0,138$) beträgt. Die zweite Gleichung hat die übliche Form der Wärmeübergangsgleichung. Aus beiden folgt:

$$\alpha_s = \frac{0,129 \left[\left(\frac{273 + 36,5}{100} \right)^4 - \left(\frac{273 + t_L}{100} \right)^4 \right]}{\Theta_m} \left[\frac{\mathrm{mgcal}}{\mathrm{cm^2 \cdot s \cdot {}^\circ C}} \right] \,.$$

Nachstehend (Zahlentafel 10) sind nach dieser Gleichung für verschiedene Lufttemperaturen die der Strahlung entsprechenden Wärmeübergangszahlen α_s und Abkühlungsgrößen A_s berechnet.

Zahlentafel 10.

t_L	0 °	5 °	10 °	15 °	20 °	25 °	30 °	32 °	34 °
Θ_m	36,5	31,5	26,5	21,5	16,5	11,5	6,38	4,33	2,16
α_s	0,128	0,132	0,135	0,138	0,142	0,145	0,148	0,150	0,152
A_s	4,67	4,16	3,58	2,97	2,34	1,67	0,943	0,650	0,328

Mit genügender Genauigkeit lassen sich die Werte von α_s auch berechnen mit der einfachen Gleichung:

$$\alpha_s = 0,153 - 0,0007\,\Theta_m \,.$$

Zieht man von den aus der Grundgleichung für ruhige Luft:

$$A_r = 0,22 \underbrace{\Theta_m^{0,06}}_{\alpha_r} \cdot \Theta_m$$

berechneten Werten von α_r und A_r die Strahlungsanteile ab, so erhält man die Anteile durch Konvektion und Leitung, wie die Zahlentafel 11 zeigt:

<hr>

[1] KNOBLAUCH, O., u. K. HENCKY: Anleitung zu genauen technischen Temperaturmessungen, 2. Aufl., S. 12. München: R. Oldenbourg 1926.

[2] KNOBLAUCH, O., u. K. HENCKY: Anleitung zu genauen technischen Temperaturmessungen, 2. Aufl., S. 174.

Zahlentafel 11.

Temperaturen	t_L	0°	5°	10°	15°	20°	25°	30°	32°	34°
	Θ_m	36,5	31,5	26,5	21,5	16,5	11,5	6,38	4,33	2,16
	$\Theta_m^{0,06}$	1,241	1,230	1,217	1,202	1,183	1,158	1,118	1,092	1,047
Wärmeübergangszahlen	α_r	0,273	0,271	0,268	0,265	0,261	0,255	0,246	0,240	0,230
	α_s	0,128	0,132	0,134	0,138	0,142	0,145	0,148	0,150	0,152
	α_k	0,145	0,139	0,134	0,127	0,119	0,110	0,096	0,090	0,078
Abkühlungsgrößen	A_r	9,96	8,54	7,10	5,70	4,31	2,94	1,57	1,04	0,50
	A_s	4,67	4,16	3,58	2,97	2,34	1,67	0,94	0,65	0,33
	A_k	5,29	4,38	3,52	2,73	1,97	1,27	0,63	0,39	0,17
A_s in % von A_r		46,9	48,7	50,5	52,1	54,4	56,8	60,0	62,5	66,0
A_k in % von A_r		53,1	51,3	49,5	47,9	45,6	43,2	40,0	37,5	34,0

Die so erhaltene Wärmeübergangszahl α_k durch Leitung und Konvektion läßt sich in ihrer Abhängigkeit von dem mittleren Temperaturunterschied Θ_m durch die Gleichung darstellen:

$$\alpha_k = 0{,}061 \cdot \Theta_m^{0,24}.$$

Hierfür kann mit guter Annäherung bis zu Temperaturen von $t_L = 30°$ auch geschrieben werden:

$$\alpha_k = 0{,}059 \sqrt[4]{\Theta_m}.$$

Diese Beziehung zeigt eine gute Übereinstimmung mit der von NUSSELT und HENCKY[1] für senkrechte Flächen bei freier Konvektion, d. h. in ruhender Luft gefundenen Gleichung:

$$\alpha_k = 0{,}061 \sqrt[4]{\Theta_m}$$

(Beiwert auf die hier benutzten Dimensionen umgerechnet).

Die von O. W. GRIFFITH[2] für die Konvektion am Katathermometergefäß theoretisch entwickelte Gleichung:

$$\alpha_k = 0{,}0644\,(1 + 0{,}002\,t_L)\sqrt[4]{\Theta_m}$$

ergibt bis zu 13 % höhere Werte als die hier abgeleiteten, enthält aber die mittlere Übertemperatur Θ_m ebenfalls unter der 4ten Wurzel.

Die beiden letzten Reihen der Zahlentafel lassen ersehen, mit welchem Prozentsatz Strahlung und Konvektion an der Abkühlungsgröße in ruhender Luft beteiligt sind. Während bei niederen Temperaturen der Strahlungs- und Konvektionsanteil

[1] HENCKY, K.: Wärmeverluste durch ebene Wände. München: R. Oldenbourg 1921.

[2] The Kata-Thermometer in Studies of Body Heat and Efficiency, S. 45. London: His Majesty's Stationary Office 1923.

nicht wesentlich voneinander abweichen, steigt bei Temperaturen über 30° der Strahlungsanteil bis zu etwa zwei Drittel der Gesamtabkühlung an.

Die Kenntnis des Strahlungsanteiles in der Abkühlungsgröße ist insofern wertvoll, als mit den dafür gefundenen Werten verschiedene katathermometrische Sonderaufgaben gelöst werden können. Im folgenden wird daher von diesen Werten (α_s und A_s) noch mehrfach Gebrauch gemacht werden.

6. Der Einfluß des Luftdruckes auf die Abkühlungsgröße A_r. Aus der von GRIFFITH für das Katathermometer entwickelten Theorie wie auch aus der Lehre von der Wärmeübertragung folgt, daß in ruhender Luft die Wärmeabgabe durch Konvektion der Quadratwurzel aus dem Barometerstand verhältnisgleich ist. Daraus folgt für die Abkühlungsgröße A_k bei zwei Barometerständen b_0 und b_1 die Gleichung:

$$(A_k)_0 = (A_k)_1 \sqrt{\frac{b_0}{b_1}}\,.$$

Wird bei dem Luftdruck b_1, der von dem Normalwert $b_0 = 760$ mm erheblich abweicht, die Abkühlungsgröße $(A_r)_1$ in ruhender Luft gemessen, so kann sie mit Hilfe vorstehender Gleichung und der für den Strahlungsanteil ermittelten Werte A_s auf $b_0 = 760$ mm umgerechnet werden. Hierzu dient folgende Umrechnungsgleichung:

$$(A_r)_0 = A_s + (A_k)_1 \sqrt{\frac{b_0}{b_1}} = A_s + [(A_r)_1 - A_s] \cdot \sqrt{\frac{b_0}{b_1}}\,.$$

Beispiel: In ruhender Luft wird z. B. auf einer Gebirgsstation bei einem Luftdruck von $b_1 = 600$ mm und einer Lufttemperatur $t_L = 10°$ eine Abkühlungsgröße $(A_r)_1 = 6{,}7$ gemessen. Sie soll auf den Wert $(A_r)_0$ bei $b_0 = 760$ mm umgerechnet werden. — Nach Zahlentafel 10 ist bei $t_L = 10°$

$$A_s = 3{,}58\,.$$

Daher folgt:

$$(A_r)_0 = 3{,}58 - (6{,}7 - 3{,}58) \cdot \sqrt{\frac{760}{600}}\,,$$

$$\underline{(A_r)_0 = 7{,}09}\,.$$

Es zeigt sich, daß der Einfluß des Barometerstandes auf die Abkühlungsgröße A_r gering ist und bei einer Änderung des Luftdruckes von 600 auf 760 mm nur 6 % beträgt.

7. Die Abkühlungsgröße A_w in bewegter Luft. Die unter 2. angegebene Grundgleichung für die Abkühlungsgröße:

$$A = \alpha\,\Theta_m$$

gilt sowohl für ruhige als auch für bewegte Luft. Während in ruhiger Luft die Wärmeübergangszahl entsprechend der Formel:

$$\alpha_r = \frac{A_r}{\Theta_m} = 0{,}22\,\Theta_m^{0,06}$$

nur vom Temperaturunterschied Θ_m, der den Auftrieb bewirkt, abhängt, wird sie in bewegter Luft bei den in Betracht kommenden Luftzuständen außer von der Strahlung lediglich von der Luftgeschwindigkeit w beeinflußt. Ihre Abhängigkeit von w läßt sich durch die einfache Gleichung darstellen:

$$\alpha_w = \frac{A_w}{\Theta_m} = a + b\,\sqrt{w}.$$

HILL und seine Mitarbeiter kamen bei der Auswertung ihrer Versuche zu den beiden Formeln:

$$\alpha_w = 0{,}13 + 0{,}47\,w, \qquad \text{wenn } w \geqq 1\ \text{m/s},$$
$$\alpha_w = 0{,}20 + 0{,}40\,w, \qquad\quad\ ,, \quad\ w \leqq 1\ \text{m/s}.$$

Diese Formeln sind später von WEISS[1], FABER[2] und BRADTKE[3] nachgeprüft worden. Für Luftgeschwindigkeiten von $w = 1 - 11$ m/s sind in Abb. 18 die Wärmeübergangszahlen α_w in Abhängigkeit von w dargestellt, und zwar sind hierzu die Beobachtungen von HILL, WEISS und BRADTKE benutzt. Die Versuche von WEISS bedurften aus folgendem Grunde einer Berichtigung. WEISS gebrauchte bei der Eichung seines Katathermometers die HILLsche Formel für ruhige Luft $Q = 0{,}27 \cdot \Theta_m \cdot z$ und erhielt damit für sein Gerät den Eichwert 510, während der richtige Wert nach der Formel $Q = 0{,}22 \cdot \Theta_m^{1,06} \cdot z$ nur 483 beträgt. Die berichtigten Werte von WEISS liegen, wie Abb. 18 zeigt, gut mit denen von HILL und BRADTKE auf einer Geraden, deren Gleichung lautet:

$$\alpha_w = 0{,}105 + 0{,}485\,\sqrt{w} \qquad (w \geqq 1{,}0\ \text{m/s}).$$

Diese Formel paßt sich den Versuchen noch etwas besser an als die ursprüngliche HILLsche Formel: $\alpha_w = 0{,}13 + 0{,}47\,\sqrt{w}$. Praktisch spielt der Unterschied jedoch keine Rolle. Auch FABER konnte durch seine Versuche die Brauchbarkeit der HILLschen Gleichung bestätigen. HILL kam zu der etwas geringeren Neigung der Geraden (0,47 statt 0,485), weil er die Ergebnisse für $w > 11$ m/s mit berücksichtigte. Bei diesen hohen Geschwindigkeiten wird

---

[1] WEISS, P.: Die hygienischen Grundlagen der Lüftungstechnik mit spezieller Berücksichtigung der Katathermometrie. Arch. f. Hyg. **96 I** (1925).

[2] FABER, O. M.: Das Katathermometer als Anemometer. Einzeldarst. a. d. Geb. d. Messungs- und Materialprüfungswesen **1931**, H. 6.

[3] Die Versuche wurden nicht veröffentlicht.

aber, wie BRADTKE ebenfalls beobachten konnte, die Neigung der Geraden geringer, ähnlich wie der Luftwiderstand von Kugeln bei einer bestimmten größeren Geschwindigkeit plötzlich abfällt.

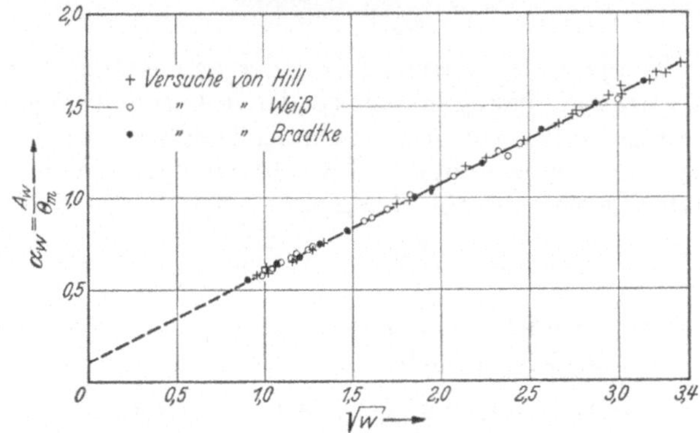

Abb. 18. Ahhängigkeit der Wärmeübergangszahl α_w von der Luftgeschwindigkeit
$(w > 1\ \mathrm{m/s})$.

Während WEISS und FABER annehmen, daß die für $w > 1$ m/s geltende Formel auch für kleinere Geschwindigkeiten gültig sei, folgt aus den gut übereinstimmenden Versuchswerten von HILL

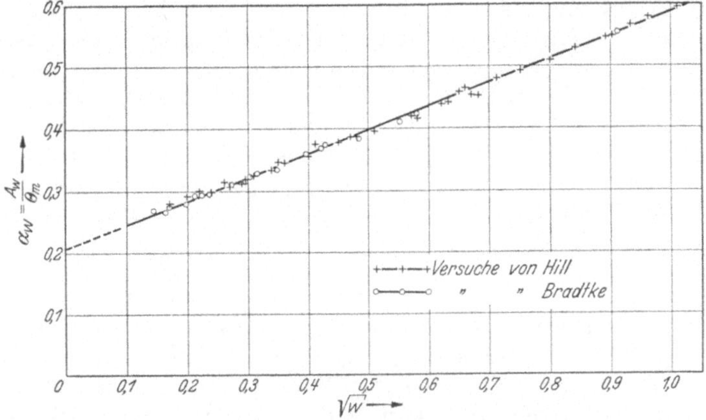

Abb. 19. Abhängigkeit der Wärmeübergangszahl α_w von der Luftgeschwindigkeit
$(w < 1\ \mathrm{m/s})$.

und BRADTKE, wie auch von BEDFORD und WARNER[1], daß für Luftgeschwindigkeiten kleiner als 1 m/s eine andere Gleichung benutzt werden muß. Abb. 19 zeigt die Beobachtungen von HILL

---

[1] J. of Hyg. **33**, 342 (1933).

und BRADTKE für Geschwindigkeiten im Bereich von 0,02—1,0 m/s. Durch die Versuchspunkte läßt sich annäherungsweise wieder eine Gerade legen mit der Gleichung:

$$\alpha_w = 0{,}205 + 0{,}385 \sqrt{w} \qquad (w \leqq 1 \text{ m/s}).$$

Diese Formel entspricht auch den HILLschen Werten noch besser als seine Formel $\alpha_w = 0{,}20 + 0{,}40 \sqrt{w_1}$. Praktisch ist der Unterschied zwischen den beiden Formeln bedeutungslos. Auch BEDFORD und WARNER kamen bei ihren Messungen im Bereich kleiner Geschwindigkeiten zu fast derselben Gleichung:

$$\alpha_w = 0{,}196 + 0{,}40 \sqrt{w}.$$

Diese übereinstimmenden Ergebnisse verschiedener Beobachter widerlegen die Annahme von WEISS und FABER, daß man mit einer einzigen Formel von der Form $\alpha_w = a + b \sqrt{w}$ für alle Geschwindigkeiten auskommen kann. In Wirklichkeit liegen zwar die Wärmeübergangszahlen α_w in Abhängigkeit von w für den ganzen Meßbereich auf einer stetigen Kurve, die sich durch eine Potenzformel $a + bw^n$ darstellen läßt. Darin hat aber der Exponent n einen höheren Wert als 0,5. Wegen des bequemen Rechnens mit der Quadratwurzel von w hat daher die von HILL vorgeschlagene Verwendung von zwei Formeln für die angegebenen Meßbereiche ihre Berechtigung.

Bei sehr kleinen Geschwindigkeiten muß eine Annäherung der Abkühlungswerte an diejenigen in ruhender Luft von gleicher Temperatur erfolgen. Würde man für ruhende Luft die Formel von BEDFORD und WARNER

$$A_r = 0{,}27 \cdot \Theta_m^{1,06}$$

zugrunde legen, so erhielte man z. B. bei einer Lufttemperatur von 15° eine Abkühlungsgröße $A_r = 6{,}98$. Dieser würde in leicht bewegter Luft nach der dafür geltenden Formel $\alpha_w = 0{,}205 + 0{,}385 \sqrt{w}$ eine Luftgeschwindigkeit $w = 0{,}096$ m/s entsprechen. Da aber eine Auftriebsbewegung am Katathermometer von rund 0,1 m/s nicht vorhanden sein kann, muß die Gültigkeit der Formel $A_r = 0{,}27 \, \Theta_m^{1,06}$ bezweifelt werden. Dagegen ergibt die Formel von BRADTKE $A_r = 0{,}22 \, \Theta_m^{1,00}$ eine Abkühlungsgröße $A_r = 5{,}69$, zu der in leicht bewegter Luft eine Geschwindigkeit $w = 0{,}023$ m/s gehört, die als Auftriebsbewegung schon eher denkbar ist.

8. Die Zerlegung der Abkühlungsgröße A_w in ihren Konvektions- und Strahlungsanteil. In gleicher Weise wie für ruhende Luft erhält man den Konvektionsanteil in bewegter Luft, wenn man von der Abkühlungsgröße A_w oder von der Wärmeübergangszahl α_w den der Strahlung entsprechenden Betrag A_s bzw. α_s abzieht. Die Werte für A_s und α_s können aus der Zahlentafel 10 entnommen oder nach der Annäherungsformel $\alpha_s = 0{,}153 - 0{,}0007\,\Theta_m$ berechnet werden. Aus den Versuchswerten von HILL und BRADTKE sind so die Wärmeübergangszahlen α_k ermittelt worden. Trägt man sie in Abhängigkeit von $\sqrt{w}$ auf Millimeterpapier auf, so erhält man eine Kurve, auf der wiederum in zwei Geschwindigkeitsbereichen eine lineare Beziehung zwischen α_k und $\sqrt{w}$ besteht. Die dafür geltenden Gleichungen lauten:

$$\alpha_k = -\,0{,}035 + 0{,}485\,\sqrt{w} \quad \text{für}\quad w \geq 1\ \text{m/s},$$
$$\alpha_k = \quad\ 0{,}065 + 0{,}385\,\sqrt{w} \quad \text{,,}\quad w \leq 1\ \text{m/s}.$$

Man ist nunmehr in der Lage, die Gesamtwärmeübergangszahl α_w mit genauer Berücksichtigung des Strahlungsanteiles anzugeben, was bisher nicht möglich war. Es ergeben sich die beiden Gleichungen:

$$\left.\begin{aligned}\alpha_w = \alpha_k + \alpha_s &= -\,0{,}035 + 0{,}485\,\sqrt{w} + 0{,}153 - 0{,}0007\,\Theta_m\\ &= 0{,}118 + 0{,}485\,\sqrt{w} - 0{,}0007\,\Theta_m\end{aligned}\right\}\ w \geq 1\,\text{m/s},$$

$$\left.\begin{aligned}\alpha_w = \alpha_k + \alpha_s &= 0{,}065 + 0{,}385\,\sqrt{w} + 0{,}153 - 0{,}0007\,\Theta_m\\ &= 0{,}218 + 0{,}385\,\sqrt{w} - 0{,}0007\,\Theta_m.\end{aligned}\right\}\ w \leq 1\,\text{m/s}.$$

In den unter 7. abgeleiteten Gleichungen

$$\alpha_w = 0{,}105 + 0{,}485\,\sqrt{w} \qquad (w \geq 1\ \text{m/s}),$$
$$\alpha_w = 0{,}205 + 0{,}385\,\sqrt{w} \qquad (w \leq 1\ \text{m/s})$$

ist zwar auch der Verlust durch Strahlung enthalten, jedoch nur mit einem dem Temperaturbereich der Versuche entsprechenden konstanten Mittelwert. Die Gleichungen sind daher nicht ganz einwandfrei, weil der Strahlungsverlust mit der Umgebungstemperatur veränderlich ist. Dieser Fehler zeigt sich deutlich, wenn man mit Hilfe der Abkühlungsgröße geringe Luftgeschwindigkeiten ermitteln will. Wird z. B. mit dem Katathermometer bei einer Umgebungstemperatur von $0°$ eine Abkühlungsgröße $A_w = 15$ gemessen, so ergibt sich nach der Gleichung $\alpha_w = 0{,}205 + 0{,}385\,\sqrt{w}$ eine Luftgeschwindigkeit von $w = 0{,}285$ m/s, während die genaue Gleichung $\alpha_w = 0{,}218 + 0{,}385\,\sqrt{w} - 0{,}0007\,\Theta_m$ zu $w = 0{,}325$ m/s führt, also zu einem um 14% größeren Wert. Wenn auch bei mittleren Temperaturen der Fehler wesentlich kleiner wird, so sollte man zur Ermittlung geringer Geschwindigkeiten doch stets mit der genauen Formel rechnen.

9. Das Katathermometer mit versilberter Gefäßoberfläche.

Allen bisher für das Katathermometer aufgestellten Formeln liegt die Annahme zugrunde, daß die Temperatur der Umgebungsluft mit derjenigen der Umgebungsflächen übereinstimmt ($t_L = t_U$). Ist dies nicht der Fall, sondern sind störende Strahlungseinflüsse vorhanden, etwa von Heizquellen oder kalten Wänden, Fenstern od. ä., so kann man aus der in solcher Umgebung gemessenen Abkühlungsgröße die Stärke der Luftbewegung nicht mehr genau genug ermitteln. Man war daher bemüht, Katathermometer herzustellen, die auf Strahlungseinflüsse weniger stark ansprechen. Dies ist bis zu einem gewissen Grade durch galvanische Versilberung der Gefäßoberfläche gelungen. Die metallische Haut hat eine wesentlich geringere Strahlzahl als das Glas. BEDFORD und WARNER haben in ihrer mehrfach erwähnten Arbeit solche versilberte Katathermometer untersucht und auch vergleichende Messungen mit gewöhnlichen und versilberten Geräten bei kleinen Geschwindigkeiten durchgeführt. Sie kamen dabei zu den beiden Formeln:

$$\left.\begin{array}{l}(\alpha_w)_G = 0,1955 + 0,40\,\sqrt{w} \\ (\alpha_w)_S = 0,101 + 0,40\,\sqrt{w}\end{array}\right\} \; w \leqq 1\,\mathrm{m/s}.$$

Da die Wärmeübergangszahl α_k durch Konvektion bei den zwei Arten von Geräten denselben Wert haben muß, so folgt, daß man durch Subtraktion der beiden Gleichungen den Unterschied der Wärmeübergangszahlen α_s erhält, und zwar ist:

$$\Delta\,\alpha_s = (\alpha_s)_G - (\alpha_s)_S = 0,0945.$$

Die Versuche von BEDFORD und WARNER fanden bei Lufttemperaturen von 21 und 11°, im Mittel also bei 16° statt. Zu dieser Temperatur gehört nach der Gleichung $\alpha_s = 0,153 - 0,0007\,\Theta_m$ der Wert $(\alpha_s)_G = 0,139$. Wird er in die Differenzgleichung eingeführt, so ergibt sich

$$(\alpha_s)_S = 0,139 - 0,0945 = 0,0445 \quad \text{für} \quad \Theta_m = 20,5°.$$

Nun müssen sich nach der unter 5. für α_s angegebenen Gleichung die Wärmeübergangszahlen α_s für die Glas- und versilberte Oberfläche wie deren Strahlzahlen C_s verhalten, d. h.

$$\frac{(\alpha_s)_S}{(\alpha_s)_G} = \frac{(C_s)_S}{(C_s)_G}$$

oder

$$(C_s)_S = \frac{(\alpha_s)_S \cdot (C_s)_G}{(\alpha_s)_G}.$$

Mit den eingesetzten Zahlenwerten ist dann

$$(C_s)_S = \frac{0,0445 \cdot 0,129}{0,139} = 0,0413.$$

Verglichen mit der Strahlzahl des schwarzen Körpers von 0,138 · ergibt sich somit ein Absorptionsverhältnis der versilberten Gefäßoberfläche von rund 30%.

Nunmehr ist es möglich, in derselben Weise wie für das gewöhnliche Katathermometer, die der Strahlung entsprechenden Beträge von $(\alpha_s)_S$ und $(A_s)_S$ des versilberten Gerätes zu berechnen. In nachstehender Zahlentafel 12 sind die erhaltenen Werte zusammengestellt.

Zahlentafel 12.

t_L	0°	5°	10°	15°	20°	25°	30°	32°	34°
Θ_m	36,5	31,5	26,5	21,5	16,5	11,5	6,38	4,33	2,16
$(\alpha_s)_S$	0,041	0,042	0,043	0,044	0,045	0,046	0,047	0,048	0,049
$(A_s)_S$	1,49	1,32	1,14	0,95	0,74	0,53	0,30	0,21	0,11

Die Abhängigkeit der Werte für $(\alpha_s)_S$ von Θ_m läßt sich durch die einfache Gleichung darstellen

$$(\alpha_s)_S = 0,049 - 0,0002\,\Theta_m.$$

Da für die Konvektion am versilberten Gerät die gleichen Werte gelten wie für das gewöhnliche Katathermometer, brauchen jetzt nur die Beträge für Strahlung und für Konvektion addiert zu werden, um die Gesamtwärmeübergangszahl bzw. die Gesamtabkühlungsgröße zu erhalten. Das gilt sowohl für ruhige als auch bewegte Luft.

Für ruhige Luft gelangt man (Zahlentafel 13) zu den folgenden Werten:

Zahlentafel 13.

t_L	0°	5°	10°	15°	20°	25°	30°	32°	34°
$(\alpha_r)_S$	0,186	0,181	0,177	0,171	0,164	0,157	0,143	0,138	0,127
$(A_r)_S$	6,78	5,70	4,69	3,68	2,70	1,81	0,91	0,60	0,27

Hierin ist $(\alpha_r)_S$ berechnet nach der Gleichung:

$$(\alpha_r)_S = (\alpha_k) + (\alpha_s)_S = \underbrace{0,061\,\Theta_m^{0,24}}_{\text{Konvektion}} + \underbrace{0,049 - 0,0002\,\Theta_m}_{\text{Strahlung}}.$$

Zur Nachprüfung dieser Beziehung wurde ein Katathermometer mit Quecksilberfüllung, dessen Eichwert zu 450 ermittelt war, nachträglich versilbert. Es ergab bei der Nacheichung in ruhender Luft

bei 21,45° im Mittel eine Abkühlzeit von 184,3 Sekunden
  ,, 20,40° ,,   ,,   ,,   ,,   ,, 168,2   ,,

Dann erhält man nach der Gleichung

$$Q = (0{,}061\, \Theta_m^{0{,}24} + 0{,}049 - 0{,}0002\, \Theta_m)\, \Theta_m \cdot z$$

$$\left. \begin{array}{l} \text{bei } 21{,}45^\circ \ldots Q = 452 \\ \quad\ \, 20{,}1^\circ \ \ldots Q = 455 \end{array} \right\} \text{ im Mittel } 453{,}5.$$

Der nachträgliche Eichwert weicht um weniger als 1% von dem ursprünglichen ab. Diese Übereinstimmung zeigt einerseits, daß durch die Versilberung der Eichwert keine wesentliche Änderung erfährt und andererseits, daß die oben gegebene Ableitung für den Wärmeverlust durch Strahlung der Wirklichkeit sehr nahekommt.

Die für bewegte Luft geltenden Gleichungen lassen sich sofort hinschreiben, wenn man auf die Gleichungen für (α_k) des gewöhnlichen Gerätes zurückgreift und wieder die Summe von $(\alpha_s)_S$ und $(\alpha_k)_S$ bildet.

$$\left. \begin{array}{l} (\alpha_w)_S = -0{,}035 + 0{,}485\, \sqrt{w} + 0{,}049 - 0{,}0002\, \Theta_m \\ \quad\ \ = \ \ \ 0{,}014 + 0{,}485\, \sqrt{w} - 0{,}0002\, \Theta_m \end{array} \right\}\ w \gqq 1\ \text{m/s.}$$

$$\left. \begin{array}{l} (\alpha_w)_S = -0{,}065 + 0{,}385\, \sqrt{w} + 0{,}049 - 0{,}002\, \Theta_m \\ \quad\ \ = \ \ \ 0{,}114 + 0{,}385\, \sqrt{w} - 0{,}0002\, \Theta_m \end{array} \right\}\ w \lqq 1\ \text{m/s.}$$

Die bereits erwähnte Gleichung von BEDFORD und WARNER:

$$(\alpha_w)_S = 0{,}101 + 0{,}40\, \sqrt{w} \qquad w \lqq 1\ \text{m/s}$$

enthält nicht die Veränderlichkeit der Strahlung mit der Temperatur, stimmt aber sonst mit der hier aufgestellten Gleichung für diesen Geschwindigkeitsbereich befriedigend überein. Bei Temperaturen von 0—25° betragen die Abweichungen höchstens 4%.

Es ist leicht einzusehen, daß zur Ermittlung kleiner Luftgeschwindigkeiten das versilberte Katathermometer besonders geeignet ist, weil es auf Strahlungseinflüsse nur etwa ein Drittel so stark anspricht wie das gewöhnliche.

Benutzt man gleichzeitig beide Geräte, so ist es auch möglich, die die Thermometer beeinflussende wirksame Strahlungstemperatur t_U der Umgebung zu ermitteln. Der Unterschied der Gesamtabkühlungsgrößen $A_G - A_S$ ergibt, da der Wärmeverlust durch Konvektion für beide Geräte derselbe ist, sofort den Unterschied der Abkühlungsgröße A_S durch Strahlung

$$A_G - A_s = (A_s)_G - (A_s)_S = \Delta A_s.$$

Nun folgt aber aus der unter 5. für A_s angegebenen Gleichung:

$$\Delta A_s = ((C_s)_G - (C_s)_S) \cdot \left[\left(\frac{273 + 36{,}5}{100} \right)^4 - \left(\frac{273 + t_U}{100} \right)^4 \right].$$

Hierin ist: $(C_s)_G - (C_s)_S = 0{,}129 - 0{,}0413 = 0{,}0877$.

Daher:

$$t_U = 100 \sqrt[4]{91{,}88 - \frac{\Delta A_s}{0{,}0877}} - 273 ,$$

$$t_U = 100 \sqrt[4]{\frac{8{,}06 - \Delta A_s}{0{,}0877}} - 273 .$$

Die nachfolgende Zahlentafel 14 enthält die Temperatur t_u der Umgebungsflächen bei verschiedenen Werten von ΔA_s. Würde z. B. bei einer Lufttemperatur $t_L = 20°$ die Messung mit beiden Geräten den Wert $\Delta A_s = 1{,}8$ ergeben, so wäre nach der Gleichung $t_U = 17{,}6°$, d. h. die Umgebungsflächen sind im Mittel um $2{,}4°$ kälter als die Luft.

Zahlentafel 14. Temperatur der Umgebungsflächen bei verschiedenen Werten von ΔA_s.

0,0	0,0	0,1	0,2	0,3	0,4	0,5	0,6	0,7	0,8	0,9
0,0	—	35,0	34,2	33,3	32,4	31,4	30,4	29,4	28,4	27,4
1,0	26,3	25,3	24,2	23,1	22,0	20,9	19,8	18,7	17,6	16,4
2,0	15,2	14,0	12,7	11,4	10,2	8,9	7,7	6,4	5,2	3,8
3,0	2,5	−0,3	—	—	—	—	—	—	—	—

10. Die feuchte Abkühlungsgröße A_f. Ist das Gefäß des Katathermometers während der Messung von einer feuchten Musselinhülle umgeben, so wird der Abkühlungsvorgang wesentlich beschleunigt, weil zu der Wärmeabgabe durch Strömung und Strahlung noch der hohe Betrag des Wärmeverlustes durch Verdunstung hinzukommt. Dies hat zur Folge, daß die Abkühlungsgröße A_f des feuchten Gerätes etwa dreimal so groß ist wie die des trockenen.

Bei Aufstellung von Formeln für die Abhängigkeit der Größe A_f von Temperatur, Feuchtigkeit und Bewegung der Luft ist zu beachten, daß für den Wärmeverlust durch Strahlung die Temperatur der Umgebungsflächen, für die Summe der Wärmeverluste durch Strömung und Verdunstung dagegen — außer der Luftbewegung — der Wärmeinhalt der Umgebungsluft maßgebend ist. Die Gleichung für bewegte Luft muß daher folgende Gestalt haben:

$$A_f = (C_s)_f \cdot \left[\left(\frac{273 + 36{,}5}{100}\right)^4 - \left(\frac{273 + t_u}{100}\right)^4 \right] + (a + b\,w^n) \cdot (i' - i) .$$

Hierin bedeutet:

$(C_s)_f$ die Strahlzahl der feuchten Musselinoberfläche,

$\quad i'$ den Wärmeinhalt gesättigter Luft bei $36{,}5°$,

$\quad i$ den Wärmeinhalt der Umgebungsluft,

$t_u = t_L$ (da t_u unbekannt, wird t_L dafür eingesetzt).

Auf eine Darstellung der Gleichung in Zahlenwerten kann hier verzichtet werden, da von uns eine Verwertung der Größe A_f für praktische Zwecke zunächst nicht beabsichtigt wird. Das geschieht aus dem Grunde, weil die Bedeutung der feuchten Abkühlungsgröße zur Beurteilung klimatischer Umwelteinflüsse auf den Menschen noch nicht klar genug zu erkennen ist. Zwar liegen einige Untersuchungen vor, die für eine Verwertbarkeit dieser Größe unter klimatisch sehr erschwerten Arbeitsbedingungen sprechen, wo die Entwärmung des Körpers als ausgesprochene Hitzeabwehr über eine starke Schweißverdunstung vor sich geht. Da aber unter solchen Bedingungen — und gerade hier auch in besonders großer Abhängigkeit von der Gewöhnung — die überhaupt vom Menschen zu bewältigende Arbeitsleistung ein wichtiges Kennzeichen für die Schwere der klimatischen Bedingungen darstellt, wird es im Falle der feuchten Abkühlungsgröße erforderlich sein, ihren Zusammenhang mit dem Zeitpunkt des Auftretens von Ermüdungs- und Erschöpfungszuständen nachzuweisen. Darüber liegen unseres Wissens heute aber noch zu wenig Erfahrungen vor, um zu einem endgültigen Urteil gelangen zu können.

Da das zur Bestimmung der feuchten Abkühlungsgröße verwendete Katathermometer zugleich ein bekleidetes Instrument ist, sei bei dieser Gelegenheit darauf hingewiesen, daß das trockene Katathermometer bereits auch für *kleidungshygienische* Untersuchungen zur Ermittlung des Wärmehaltungsvermögens von Stoffen, Pelzen u. dgl. mit Erfolg benutzt worden ist. Bei diesen Versuchen sind einige Bedingungen zu beachten, auf die aber hier nicht näher eingegangen werden soll, da sie von UGLOW, KROTKOW und MARTISCHENJA[1] genau beschrieben worden sind.

11. Abkühlungsgröße und Hauttemperatur. Die vorhergehenden Darlegungen über das Katathermometer und die Abkühlungsgröße waren ausschließlich physikalischer Art. Eine ausführlichere Darstellung war deswegen notwendig, weil über die physikalische Bedeutung der Abkühlungsgröße, ihre Beeinflussung durch Konvektion und Strahlung in ruhender und bewegter Luft und den Aufbau der Formeln noch manche Unklarheiten bestehen, und weil in Lehrbüchern der Hygiene oder Klimakunde kaum etwas darüber zu finden ist.

Als HILL das Katathermometer vorschlug, kam es ihm wohl darauf an, ein Gerät zu schaffen, das ähnlich wie der menschliche Körper auf die klimatischen Umgebungsbedingungen anspricht. Darauf deutet schon die Wahl der Mitteltemperatur des Kata-

---

[1] Z. Hyg. **118**, 697 (1936).

thermometers von 36,5° hin, die der mittleren Körpertemperatur
angepaßt ist. Die gewählte Temperatur von 36,5° hat dem Katathermometer sicher mehr geschadet als genützt, weil sie immer
wieder zu der Annahme verleitete, daß man mit den vom Katathermometer angezeigten Abkühlungsgrößen die Entwärmung
des menschlichen Körpers erfassen könnte. Mit einer anderen
Temperatur hätte das Katathermometer die gleichen Dienste
geleistet; vor allem hätte eine etwas höhere Temperatur den An-
wendungsbereich des Katathermometers vergrößert. Zur Verwendung bei Temperaturen über 35°, z. B. in Kalibergwerken,
hat man daher schon Katathermometer mit den Festpunkten
50 und 47° benutzt. Solange es sich um Luftzustände unter 35°
handelt, ist es auf jeden Fall zweckmäßig, bei der Mitteltemperatur
des Gerätes von 36,5° zu bleiben, weil hierfür die Formeln abgeleitet sind und bereits zahlreiche Versuche vorliegen, die zum
Vergleich herangezogen werden können.

Das Katathermometer darf niemals — wie es mitunter in
der ersten Zeit nach seiner Einführung geschehen ist — als ein
kleines Entwärmungsmodell des menschlichen Körpers aufgefaßt
werden, d. h. man kann die Abkühlungsgrößen nicht unmittelbar
als Maßzahlen für die Entwärmung oder für das Behaglichkeitsgefühl benutzen. Da sich ferner die gleiche Abkühlungsgröße
bei Verbindung von verschiedenen Werten für Lufttemperatur
und Wind ergeben kann, die auch auf den menschlichen Körper
von jeweils anderer physiologischer Wirkung sind, so folgt, daß
die Abkühlungsgröße allein überhaupt keine in diesem Sinne
eindeutige Größe darstellt.

Von großer Bedeutung für die folgenden Erörterungen ist
die Frage, wie man das Behaglichkeitsempfinden am einfachsten
und zuverlässigsten erfassen und durch Zahlenwerte kennzeichnen
kann. Im ersten Teil des Buches wurde gezeigt, daß bei der Entwärmung des Körpers die Haut eine überragende Rolle spielt,
und zwar nicht nur als Wärmeaustauschfläche, sondern auch als
Organ, das der Körper zur Regelung seiner Wärmeabgabe benutzt,
indem er ihre Temperatur so steigen oder fallen läßt, daß eine
möglichst gleichbleibende Entwärmung erzielt wird. Diese
Änderung der Hauttemperatur vollzieht sich beim gesunden
Menschen mit geradezu physikalischer Gesetzmäßigkeit, solange
der Körper nicht durch die Umgebungsverhältnisse zu anderen
Mitteln (sichtbare Schweißabgabe, Bewegungsreflexe) gezwungen
wird. Es lag daher sehr nahe und ist auch immer wieder versucht
worden, die Hauttemperatur als Maßstab für die Entwärmung
und für das Behaglichkeitsgefühl nutzbar zu machen (vgl. S. 1).

Bei diesen Untersuchungen hat sich ergeben, daß die Stirn als günstige Stelle für Hauttemperaturmessungen zu betrachten ist. Ihre Temperatur weicht nur wenig von dem Mittelwert der Temperatur anderer unbekleideter Körperstellen ab, zeigt die gesetzmäßigste Abhängigkeit von den Umgebungsbedingungen und auch die geringsten Unterschiede bei verschiedenen Personen. Wie früher (S. 19) bereits hervorgehoben wurde, wird durch die Stirntemperatur nicht nur der Wärmeübergang an einer engbegrenzten Hautfläche, sondern das Entwärmungsverhalten des ganzen Körpers zum Ausdruck gebracht. Wir erblicken daher in Übereinstimmung mit anderen Untersuchern in der Stirntemperatur eine besonders zuverlässige physiologische Meßgröße zur Kennzeichnung der Behaglichkeit innerhalb der von uns angegebenen Grenzen für die Beschaffenheit der Umgebungsluft.

Günstig für die weiteren Betrachtungen war nicht zuletzt auch der Umstand, daß bereits Untersuchungen vorliegen, bei denen gleichzeitig sowohl die Stirntemperatur als auch die Abkühlungsgröße gemessen wurde, und die außerdem Angaben über das persönliche Behaglichkeitsempfinden der Versuchspersonen enthalten.

12. Die Stirntemperatur als Ausdruck der Behaglichkeit. In ruhiger Raumluft haben REICHENBACH und HEYMANN[1] an sich selbst bei normaler Bekleidung und Vermeidung körperlicher

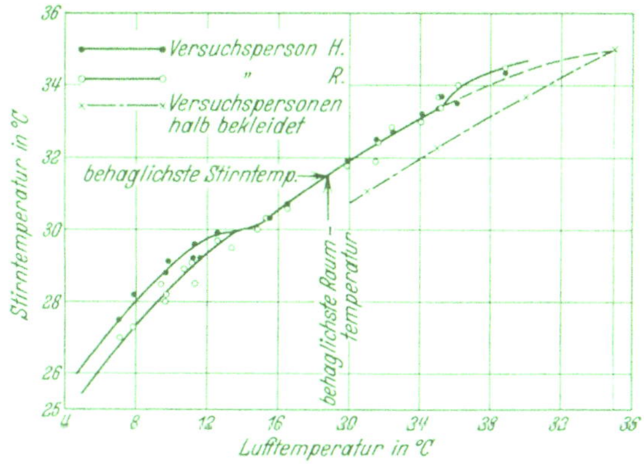

Abb. 20. Stirntemperatur in ruhiger Luft bei verschiedenen Lufttemperaturen. (Aus RIETSCHELS Leitfaden der Heiz- und Lüftungstechnik. 10. Aufl. Berlin: Julius Springer 1934.)

Betätigung sorgfältige Messungen der Stirntemperatur bei verschiedenen Lufttemperaturen vorgenommen, deren Ergebnisse in Abb. 20 zeichnerisch dargestellt worden sind. In dem Kurven-

---

[1] Z. Hyg. **57** (1907).

verlauf zeigen sich deutlich zwei Störungsstellen, und zwar bei den Lufttemperaturen von etwa 14 und 25°. Man wird daraus folgern dürfen, daß die untere Grenze dem beginnenden Kältegefühl mit vermehrter Wärmeerzeugung durch Muskelbewegung und die obere dem lästigen Wärmegefühl vor Ausbruch des Schweißes entspricht. Innerhalb dieser Grenzen liegt dann also der eigentliche Behaglichkeitsbereich, der durch kein bewußt wirksam werdendes Wärme- oder Kältegefühl gekennzeichnet ist[1]. In einer späteren Untersuchung mit dem gleichen Meßverfahren für die Stirntemperatur fanden HEYMANN und KORFF-PETERSEN[2], daß ungestörtes Behaglichkeitsempfinden bei Stirntemperaturen von 30,5—32,5° in ruhiger Luft besteht. Bei der Mitteltemperatur von 31,5° ist aus Abb. 20 als behaglichste Raumtemperatur die von 18,8° zu entnehmen, welche der erfahrungsgemäß behaglichsten Lufttemperatur von 18,5—19,0° in nicht künstlich belüfteten Räumen gut entspricht.

Die Abhängigkeit der Stirntemperatur t_H von der Lufttemperatur t_L in ruhiger Luft läßt sich angenähert durch eine lineare Gleichung von der Form $t_H = a + b \cdot t_L$ darstellen (vgl. S. 2). Eine bessere Übereinstimmung mit den Beobachtungen ergibt nach BRADTKE die folgende Potenzgleichung:

$$\frac{t_H}{t_L} = \left(\frac{35}{t_L}\right)^n.$$

Die Zahl 35 tritt hier deshalb auf, weil nach den Ergebnissen verschiedener Beobachter bei 35° Lufttemperatur auch die Hauttemperatur etwa den Wert 35° erreicht. Demnach wäre in Umgebungsluft von über 35° Temperatur eine Wärmeabgabe nur noch durch Schweißverdunstung möglich. Der Exponent n in der Potenzformel hat bei ruhiger Luft für verschiedene Personen einen Mittelwert von $n = 0,84$.

In bewegter Luft nimmt die Größe n mit zunehmender Luftgeschwindigkeit w ab. Sie kann daher als Kennziffer für die Einstellung der Stirntemperatur in bewegter Luft bezeichnet werden. In der Abb. 21[3] sind, nach Messungen von HEYMANN und KORFF-PETERSEN, die Produktwerte von w und n in Abhängigkeit von w dargestellt. Die Abb. 21 zeigt, daß zwei Versuchspersonen, die in ihrer körperlichen Beschaffenheit grundverschieden waren

---

[1] Vgl. BRADTKE: Hygienische Grundlagen der Heizungs- und Lüftungstechnik in RIETSCHELS Leitfaden der Heiz- und Lüftungstechnik, 10. Aufl., S. 240. Berlin: Julius Springer 1934.

[2] Z. Hyg. **105** (1926).

[3] Vgl. BRADTKE: Hyg. Grundl. d. Heiz- und Lüftungstechnik in RIETSCHELS Leitfaden, 10. Aufl., S. 251. Berlin: Julius Springer 1934.

und in ruhiger Luft auch abweichende Stirntemperaturen besaßen,
in bewegter Luft mit der Stirntemperatur so weit übereinstimm-
ten, daß man für beide Personen eine einheitliche Kurve durch
die Versuchspunkte legen kann. Auch STRAUSS und SCHWARZ[1]
fanden bei vier verschiedenen Versuchspersonen nur sehr geringe
Unterschiede in der Stirntemperatur bei bewegter Luft. Gerade
hierin kann man nach unserer Auffassung einen Beweis für die
Erfahrungstatsache erblik-
ken, daß das Behaglich-
keitsgefühl gesunder Men-
schen bei Luftbewegung
recht gleichartig ist, solange
es sich eben um solche Luftzustände handelt, bei denen
die Regelung der Wärme-
abgabe hauptsächlich durch
Änderung der Hauttempe-
ratur erfolgt (vgl. S. 10).
An den Grenzen dieses Be-
reiches, vor allem an der
oberen, treten jedoch bei
verschiedenen Personen erhebliche Unterschiede auf.
So fanden HEYMANN und
KORFF-PETERSEN Behag-
lichkeit der Versuchsperson
H. bei Stirntemperaturen
von 30,0—33,5° und der
Versuchsperson P. bei 30,3
bis 32,2°. Den Mittelwert
der beiden Bereiche, der
sich zu 31,5° errechnet,
wird man mit großer Be-

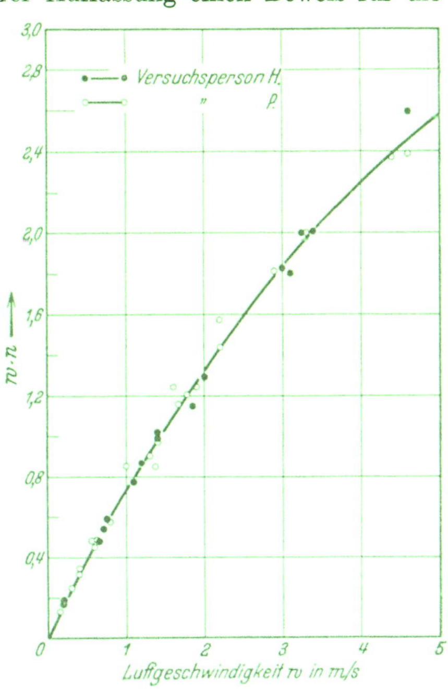

Abb. 21. Abhängigkeit der Werte $w \cdot n$ von der
Luftgeschwindigkeit. (Aus RIETSCHELS Leitfaden
der Heiz- und Lüftungstechnik. 10. Aufl. Berlin:
Julius Springer 1934.)

rechtigung als behaglichste mittlere Stirntemperatur für verschiedene Personen rechnen können, was bedeutet, daß sich der
gleiche Wert ergibt wie für ruhige Luft.

**13. Ableitung einer neuen Gleichung zwischen Stirntempe-
ratur, Lufttemperatur und Abkühlungsgröße.** Wegen der gesetz-
mäßigen Abhängigkeit der Stirntemperatur wie auch der Abkühlungsgröße von den Umgebungsbedingungen muß es möglich
sein, in den angegebenen Grenzen eine Beziehung aufzustellen,
die beide Größen miteinander verknüpft. Der eine von uns

[1] Z. Hyg. **114** (1932).

(BRADTKE) hat sich dieser Arbeit unterzogen und ist dabei zu folgender Gleichung gelangt:

$$t_H - t_L = \frac{C \cdot \Phi^{1,85}}{A + \Phi} \, .$$

Hierin ist:

t_H = Stirntemperatur,
t_L = Lufttemperatur,
Φ = $35 - t_L$,
A = Abkühlungsgröße,
C = Zahlenbeiwert.

Die Gleichung ist in folgender Weise abzuleiten. Für die Wärmeabgabe von 1 cm² der Stirnfläche gilt die Gleichung:

$$\alpha_H \cdot (t_H - t_L) = \frac{\lambda}{\delta} \cdot (36,5 - t_H) \, .$$

Darin bezeichnet:

α_H die Wärmeübergangszahl zwischen Haut und Luft,
λ die Wärmeleitzahl der Haut,
δ die Dicke der Hautschicht,
36,5 die Körperinnentemperatur.

Die Gleichung kann auch geschrieben werden:

$$\alpha_H \cdot (t_H - t_L) = \frac{\lambda}{\delta} \cdot [(36,5 - t_L) - (t_H - t_L)]$$

oder

$$(t_H - t_L) \cdot \left(\alpha_H + \frac{\lambda}{\delta}\right) = \frac{\lambda}{\delta} \, \Theta \qquad (\Theta = 36,5 - t_L) \, .$$

In dieser Gleichung sind α_H und λ/δ unbekannt. Es ist jedoch möglich, Annäherungswerte dafür einzusetzen. Nimmt man mit Rücksicht auf die spätere Vereinfachung der Formel die Dicke der wärmeleitenden Hautschicht zu $\delta = 0,01$ m und die Wärmeleitzahl der Haut zu $\lambda = 0,4$ kcal/m $\cdot$ h $\cdot$ °C (wie für Wasser), so ist

$$\frac{\lambda}{\delta} = \frac{0,01}{0,4} = 0,025 \, \text{kcal/m}^2 \cdot h \cdot °C \, .$$

In dem für die Abkühlungsgröße benutzten Maßsystem (mgcal, cm, s) ist der Wert von λ/δ noch mit 36 zu multiplizieren, und man erhält dann

$$\frac{\lambda}{\delta} = \text{rd. } 1 \, .$$

Ferner kann man annäherungsweise für die Wärmeübergangszahl α_H an der Haut, die bei bewegter Luft nur noch von der Luftgeschwindigkeit und der Strahlung abhängt, die für das Katathermometer geltende Wärmeübergangszahl $\alpha = A/\Theta$ einsetzen. Zur Berichtigung der bei λ/δ und α_H mit vorstehenden

Annahmen gemachten Fehler soll noch auf der rechten Seite der Gleichung statt Θ der Wert $c\Theta^m$ eingesetzt werden. Man erhält dann:

$$(t_H - t_L) \cdot \left(\frac{A}{\Theta} + 1\right) = c\,\Theta^m$$

oder

$$t_H - t_L = \frac{c \cdot \Theta^{1+m}}{A + \Theta}\,.$$

Führen wir wegen der Übereinstimmung von Haut- und Lufttemperatur bei 35° in diese Gleichung für die Größe $\Theta = 36{,}5 - t_L$ die Größe $\Phi = 35 - t_L$ ein, so formt sie sich um zu

$$t_H - t_L = \frac{C \cdot \Phi^{1+n}}{A + \Phi}\,,$$

d. h. zu der oben angegebenen Beziehung zwischen Stirntemperaturen und Abkühlungsgrößen, die man auch in der Form

$$(t_H - t_L) \cdot (A + \Phi) = f \cdot (\Phi)$$

schreiben kann.

Zur Nachprüfung der Gültigkeit dieser Beziehung wurden nach Versuchen verschiedener Beobachter die Produktwerte $(t_H - t_L) \cdot (A + \Phi)$ in Abhängigkeit von Φ zeichnerisch dargestellt. Wie aus den Abb. 22—24 zu ersehen ist, wird die Gleichung durch die Beobachtung recht gut bestätigt.

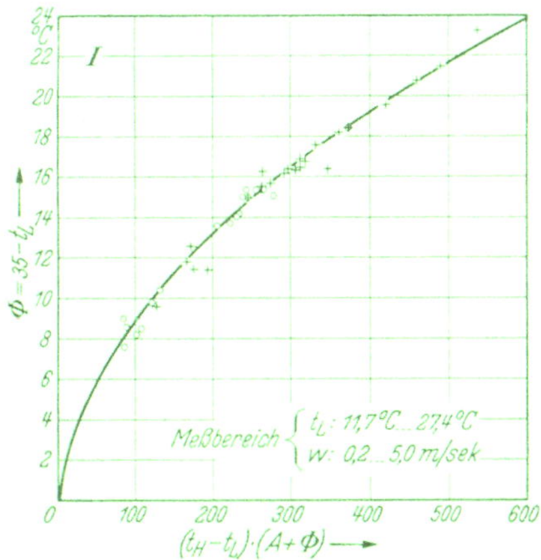

Abb. 22. Versuche von HEYMANN und KORFF-PETERSEN (I).

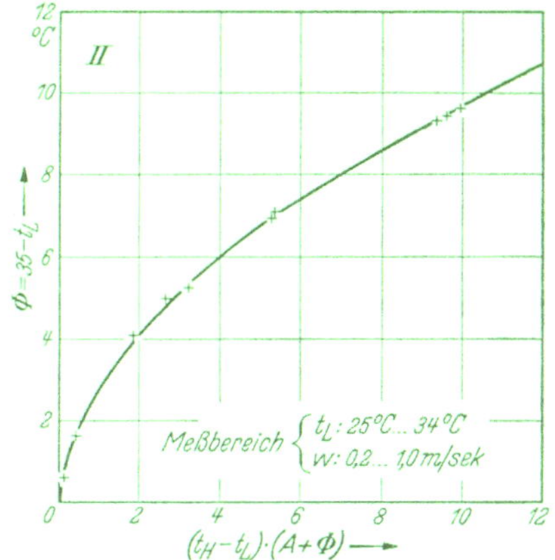

Abb. 23. Versuche von LIESE (II).

Die Kurven ergeben, logarithmisch aufgetragen, gerade Linien mit der gleichen Neigung $1 + n = 1{,}85$. Trägt man noch $t_H - t_L$ in Abhängigkeit von $\dfrac{\Phi^{1,85}}{A + \Phi}$ auf, so erhält man durch den Nullpunkt des Koordinatensystems gehende Geraden, aus deren Neigung zur Abszisse der Beiwert C der Formel zu ermitteln ist. Letzterer ist kennzeichnend für die Versuchsbedingungen, vor allem für die Bekleidung der Versuchspersonen. Für normale Bekleidung (Versuche von HEYMANN und KORFF-PETERSEN) ist

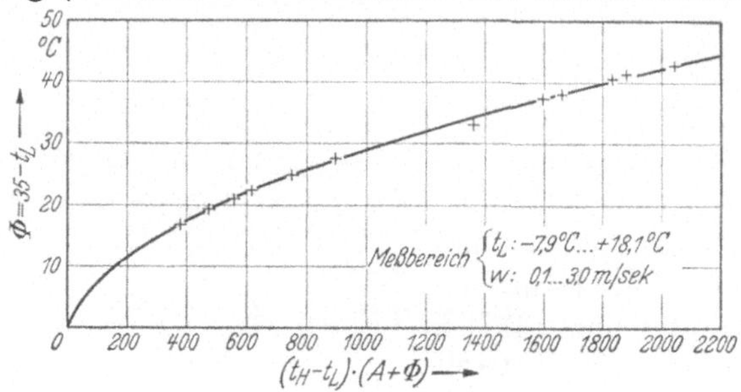

Abb. 24.   Versuche von DORNO in Davos (IV).

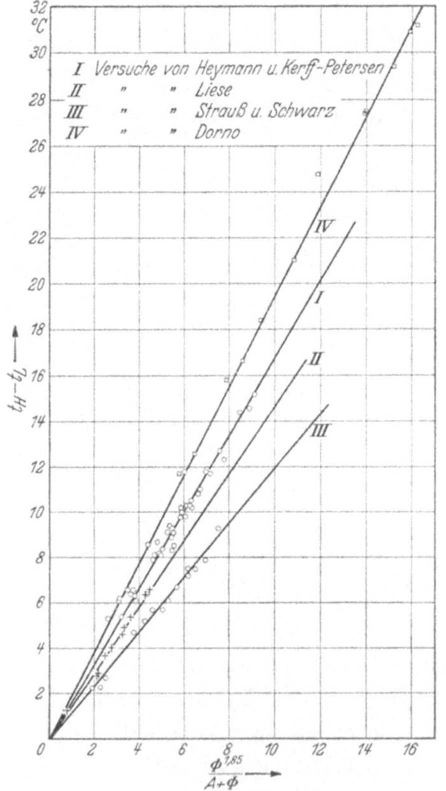

Abb. 25. Zusammenhang zwischen Stirntemperaturen, Lufttemperaturen und Abkühlungsgröße bei verschiedener Bekleidung.

nach Abb. 25 $C = 1,67$, für Bekleidung mit Hose und Hemd (Versuche von LIESE) $C = 1,47$ und für Personen mit nacktem Oberkörper (Versuche von STRAUSS und SCHWARZ) $C = 1,2$. Bei den Beobachtungen von DORNO in Davos sind nicht Stirn-, sondern *Backentemperaturen* gemessen worden. Die Versuchspunkte entsprechen Monatsmittelwerten von drei Zeitpunkten (morgens, mittags, abends), und zwar für die Monate Januar, Juli, September, November. Obwohl es sich dabei um außenklimatische Beobachtungen (Schattenwerte) handelt, erfüllen sie doch die oben aufgestellte Gleichung ebensogut wie die Messungen in Innenräumen.

Mit Hilfe dieser Gleichung kann man für bestimmte Versuchsbedingungen ($C = $ konst.) aus den gemessenen Abkühlungsgrößen und Lufttemperaturen die Stirntemperaturen berechnen. Man ist also in der Tat berechtigt, von einer klimaphysiologischen Bedeutung der Abkühlungsgrößen zu sprechen, jedoch nur, *wenn man die Abkühlungsgrößen mit den dazugehörigen Lufttemperaturen in Betracht zieht.* Die Begründung dafür ist hier wohl zum erstenmal gegeben worden, womit zugleich die gelegentlich behauptete „physiologische Sinnlosigkeit" der physikalischen Abkühlungsgröße widerlegt erscheint.

14. Ableitung der Behaglichkeitsziffer. Nach den Versuchen von HEYMANN und KORFF-PETERSEN hat BRADTKE[1] die zur behaglichsten Stirntemperatur von 31,5° gehörigen Lufttemperaturen und Abkühlungsgrößen früher schon einmal zusammengestellt und gefunden, daß sich in einem ziemlich weiten Temperatur- und Geschwindigkeitsbereich der Quotient von Lufttemperatur und Abkühlungsgröße viel weniger ändert als die Abkühlungsgröße selbst. Er hat daher vorgeschlagen, den Bruch

$$B = \frac{t_L}{A}$$

als Behaglichkeitsziffer zu benutzen. Sein Wert entspricht in dem für viele praktische Zwecke wichtigen Bereich von $w = 0,2 - 1,2$ m/s fast eindeutig einer bestimmten Stirntemperatur, was bei der Abkühlungsgröße allein nicht der Fall ist. In dem Bereich von $w = 0,2 - 1,2$ m/s hat bei der behaglichsten Stirntemperatur von 31,5° die Behaglichkeitsziffer den Wert $B = 3$. Man kann auch rückwärts mit den Wertepaaren von t_L und A, die $B = 3$ ergeben, nach der Gleichung

$$t_H - t_L = \frac{1,67 \cdot \Phi^{1,85}}{A + \Phi}$$

die Stirntemperatur ermitteln und erhält dabei $t_H = 31,4 - 31,6°$ bei Lufttemperaturen von 19—24° und Geschwindigkeiten von 0,16—1,2 m/s.

Die folgende Zahlentafel 15, welche sich auf die in der kälteren Jahreshälfte durchgeführten Versuche von HEYMANN und KORFF-PETERSEN stützt, enthält die zu der größten Behaglichkeit und ferner zu der oberen und unteren Erträglichkeitsgrenze gehörigen Werte von t_L, A, B für Luftgeschwindigkeiten von 0,05—1,2 m/s.

Die Behaglichkeitsziffer ist für den *praktischen* Gebrauch gedacht, und ihre leichte Berechnung dürfte dazu beitragen, sie allmählich in Aufnahme kommen zu lassen. Im übrigen ist sie als eine Art Faustregel anzusehen, d. h. ihr bester Wert bei 3 und

---

[1] RIETSCHELS Leitfaden, 10. Aufl., S. 254—255. Berlin: Julius Springer 1934.

Zahlentafel 15.

		\multicolumn{12}{Luftgeschwindigkeit in m/s}											
		0,05	0,1	0,15	0,2	0,25	0,3	0,4	0,5	0,6	0,8	1,0	1,2
Obere Grenze	t_L	22,2	22,6	23,2	23,8	24,2	24,6	25,3	25,9	26,2	26,9	27,4	27,8
	A	4,2	4,5	4,7	4,8	4,9	5,0	5,1	5,2	5,3	5,4	5,5	5,6
	B	5,3	5,0	5,0	5,0	5,0	5,0	5,0	5,0	5,0	5,0	5,0	5,0
Größte Behaglichkeit	t_L	18,8	19,0	19,2	19,5	19,9	20,3	21,0	21,5	22,0	22,9	23,5	24,0
	A	5,3	5,7	6,0	6,4	6,6	6,8	7,0	7,2	7,3	7,6	7,8	8,0
	B	3,6	3,4	3,2	3,0	3,0	3,0	3,0	3,0	3,0	3,0	3,0	3,0
Untere Grenze	t_L	15,9	16,0	16,1	16,3	16,5	16,8	17,4	17,9	18,4	19,2	19,9	20,5
	A	6,2	6,7	7,2	7,6	7,9	8,2	8,7	9,0	9,2	9,6	10,0	10,3
	B	2,6	2,4	2,2	2,1	2,1	2,0	2,0	2,0	2,0	2,0	2,0	2,0

t_L = Lufttemperatur, A = trockner Katawert, B = Behaglichkeitsziffer.

der Übergang zu warmen Luftzuständen bei 5 und zu kalten bei 2 sind nicht als starre Festpunkte anzusehen. Nach unseren Erfahrungen steigen die Werte vom Winter zum Sommer hin etwas an, so daß sich der Schwankungsbereich etwa erstreckt beim günstigsten Wert von 3—3,7, bei der oberen Grenze von 5—6 und bei der unteren Grenze von 2—2,5.

Die Angabe dieser Zahlen ist keineswegs willkürlich, sondern findet ihre Begründung in den zugehörigen Werten für die Stirntemperatur, wie sie aus den bereits häufig erwähnten Versuchen von HEYMANN und KORFF-PETERSEN abgeleitet worden sind. Ihre Bewährung in der Praxis ist also noch in größerem Maßstab zu erbringen. Immerhin ist schon häufiger Gelegenheit gewesen, die Brauchbarkeit dieser Behaglichkeitsziffern zu überprüfen. Die Feststellungen, die dabei gemacht werden konnten, sprechen durchaus zu ihren Gunsten, und gerade in solchen Fällen, wo die übrigen Messungen kein klares Bild ergaben[1], waren aus der ermittelten Behaglichkeitsziffer aufschlußreiche Folgerungen zu ziehen.

IV. Zur Praxis der Messungen.

A. Die Auswahl der Meßinstrumente.

Raumklimatische Messungen können aus folgenden Gründen notwendig werden:

1. Zur Gewinnung eines zahlenmäßig belegten Urteils über den Luftzustand in Gebäuden und einzelnen Räumen, womit zugleich objektive Vergleichsuntersuchungen zwischen verschiedenen Orten möglich werden.

---

[1] Vgl. LIESE: Gesdh.ing. **58**, 505 (1935) und BAUR u. LIESE, ebenda **59**, 477 (1936).

2. Zur Leistungsprüfung für solche Anlagen aller Art, die den Zwecken der Lufterneuerung, der Heizung, Kühlung usw. oder der regelrechten Klimatisierung dienen sollen.

3. Zur Prüfung des Erfolges heizungs- und lüftungstechnischer Maßnahmen, die infolge behördlicher oder anderweitig verbindlicher Vorschriften zur künstlichen Verbesserung des Luftzustandes getroffen worden sind, sowie zur Überwachung ihrer zweckbestimmten Einhaltung.

Die unter 1. und 2. genannten Anlässe erfordern in der Regel umfangreiche Messungen, bei deren Durchführung ein Vertrautsein mit den örtlichen Gegebenheiten unerläßlich ist. Eine eingehende *Ortsbesichtigung* und eine Einsichtnahme in die Baupläne ist unbedingt erforderlich. Hierdurch wird erst die Möglichkeit zur richtigen Auswahl der einzelnen Meßpunkte geschaffen, worauf es für den praktischen Wert solcher Untersuchungen letzten Endes ausschlaggebend ankommt. Es muß nicht nur die Einzelmessung sachkundig und sorgfältig durchgeführt werden, sondern es muß vor allen Dingen auch an der richtigen Stelle im Raum gemessen werden, weil nur dann zum Schluß aus dem Überblick über sämtliche Meßergebnisse ein zutreffendes Bild von der tatsächlichen Beschaffenheit des betreffenden Raumklimas erhalten wird. Die Möglichkeit für Wiederholungsmessungen unter anderen Wetterbedingungen wird meistens vorgesehen werden müssen. Bereits auf diese vorbereitenden Arbeiten muß große Sorgfalt verwendet werden, damit bei der Untersuchung selbst alle Aufmerksamkeit auf die an den festgelegten Raumstellen vorzunehmenden Einzelmessungen gerichtet werden kann.

Da der Endzweck der Untersuchungen in der Regel sein wird, im einen Fall brauchbare Unterlagen für Vorschläge zur künstlichen Verbesserung des Raumklimas zu gewinnen und im anderen nach ihrer Verwirklichung die tatsächliche Leistung festzulegen, so werden an das Verantwortungsbewußtsein der Untersucher hohe Ansprüche gestellt. Die Erfüllung der unter 3. gestellten Aufgaben wird häufig nur auf stichprobenartige Messungen hinauslaufen. Dabei wird nicht selten die Notwendigkeit vorliegen, solche Beanstandungen auf ihre begründete Berechtigung nachzuprüfen, die Anlaß zu Beschwerden oder gar Vorwand für die teilweise oder vollständige Stillegung der betreffenden Anlagen abgegeben haben, was besonders bei Lüftungsanlagen häufig vorkommt.

Bei Reihenmessungen empfiehlt sich das Zusammenarbeiten von zwei oder mehr sachkundigen Personen oder wenigstens die Mitnahme eingearbeiteter Hilfskräfte.

Der für raumklimatische Messungen benutzte Meßkoffer wird die folgenden Instrumente und Hilfsgeräte enthalten müssen:

1 geeichtes mit Strahlungsschutz versehenes Quecksilberthermometer mit einem Bereich von —10 bis +60° und einer Teilung auf $1/5$°,

1 handliches (Taschen-) Psychrometer mit dem üblichen Zubehör, dessen Bereich bei jedem Thermometer mit einer Teilung in $1/1$° von 0 bis +60° reicht,

1 geeichtes Katathermometer (möglichst mit Quecksilberfüllung),

1 geeichtes versilbertes Katathermometer (ebenfalls möglichst mit Quecksilberfüllung),

1 Anemometer mit direkter Ablesungsmöglichkeit der Luftgeschwindigkeit in m/s,

1 Stoppuhr mit Teilung in $1/10$ Sekunden,

1 Thermosflasche von $1/2$ l Inhalt.

Ferner 2 zusammenklappbare, feststehende Stative zum Einklemmen der Thermometer, 2 Tücher zum Abtrocknen der Katathermometer, 1 Zollstock, 1 Lupe.

Es dürfte empfehlenswert sein, die Thermometer in mindestens doppelter Stückzahl zur Verfügung zu haben, teils um mehrere Messungen gleichzeitig ausführen, teils um zu Bruch gehende Instrumente sofort ersetzen zu können.

Mit diesen Meßgeräten lassen sich *alle wichtigen zur Beantwortung anstehenden Fragen lösen*, wie die nachstehende Aufstellung zeigen möge:

1. Aus den Ergebnissen der Thermometer- und Psychrometermessung läßt sich eine Aussage über die Höhe von Temperatur und Feuchtigkeit der Raumluft und je nach Auswahl der Meßpunkte über deren Verteilung im Raum gewinnen.

2. Die Messung mit dem trockenen Katathermometer liefert eine Zahl für die Abkühlungsgröße der Raumluft, die sich aus Lufttemperatur und Luftgeschwindigkeit ergibt. Dem gemessenen Katawert ist aber, wie oben gezeigt, der anteilsmäßige Einfluß, den jedes dieser beiden Elemente auf das Ergebnis ausübt, nicht anzusehen.

3. Aus der auf Zehntelgrade bekannten Trockentemperatur und der auf die erste Dezimale genau bestimmten Abkühlungsgröße läßt sich mit Hilfe der auf S. 48 angegebenen Formeln die Luftgeschwindigkeit in sehr genauer Weise berechnen.

Zur Erleichterung für die Praxis ist das beigegebene Schaubild (Abb. 26) entworfen worden. Auf der Abszisse sind die Werte von 2—10 für die Abkühlungsgröße und auf der Ordinate die

Lufttemperatur von 12—34° aufgetragen worden. Die von links oben nach rechts unten verlaufende Kurvenschar erlaubt die unmittelbare Ablesung der Luftgeschwindigkeit zwischen 0 und 5,0 m/s zu jedem beliebigen Wertepaar von Lufttemperatur und

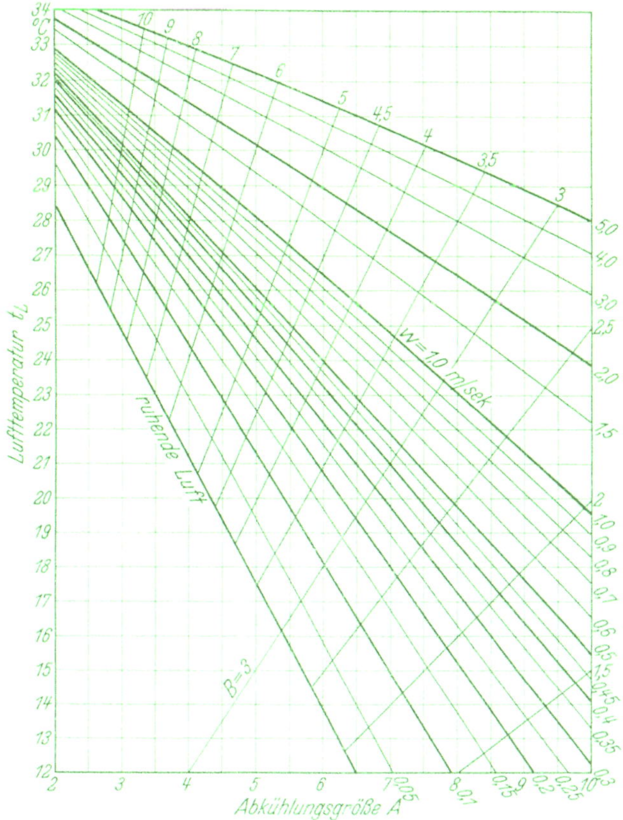

Abb. 26. Schaubild mit Linien gleicher Lufttemperaturen, Windgeschwindigkeiten und Abkühlungsgrößen.

Abkühlungsgröße. Für die meistens vorkommenden Fälle dürfte der Umfang des Schaubildes ausreichend sein.

4. Die aus Trockentemperatur und Abkühlungsgröße gebildete Behaglichkeitsziffer B (vgl. S. 61) ergibt einen brauchbaren Behaglichkeitsmaßstab, der sowohl „die Wärmeempfindung wie den Eindruck der Frische der Raumluft" berücksichtigt. Auch für seine Bestimmung wird das obenerwähnte Schaubild benutzt, dessen von links unten nach rechts oben verlaufende Kurvenschar

eine unmittelbare Ablesung der Behaglichkeitswerte zwischen 1,5 und 10 erlaubt.

5. Ein Vergleich des Ergebnisses der Katathermometermessung mit derjenigen des versilberten Katathermometers zeigt den Energieanteil an, der bei der Abkühlung des nichtversilberten Instruments auf Strahlungseinflüsse zurückgeht. Ihre Berücksichtigung erlaubt also eine Aussage über die „wirksame Strahlungstemperatur", deren Auswertung mit Hilfe der auf S. 52 angegebenen Formel möglich ist bzw. aus Zahlentafel 14 unmittelbar abgelesen werden kann. Hierzu ist nur nötig, den Unterschied der beiden Katawerte zu bilden. Ist dieser z. B. 1,6, so beträgt die aus Zahlentafel 14 abzulesende „wirksame Strahlungstemperatur" 19,8°C. Die Ermittlung dieser Temperatur wird wichtige Anhaltspunkte über den Einfluß von Wärmeabstrahlung nach kalten Wänden oder Wärmezustrahlung von Heizflächen, beheizten Fußböden, Decken usw. liefern.

6. Das Anemometer dient zur Messung der Geschwindigkeit gerichteter Luftströme und damit in gewissem Umfang für Luftmengenmessungen und zur Bestimmung des Luftwechsels. Bei genügend großer Geschwindigkeit der Luft kann es auch zur Bestimmung der Richtung der Luftströmungen benutzt werden, das mitunter für die Beurteilung der Luftführung wichtig ist.

Abgesehen von diesen physikalischen Untersuchungsverfahren können auch chemische Luftuntersuchungen notwendig werden. Als verhältnismäßig häufig vorkommend werden die Bestimmungen des *Kohlensäuregehaltes* der Raumluft gelten können, deren Ausführung daher unten beschrieben werden wird.

Die unter Nr. 3—5 angegebenen Meßgrößen sind besonders dann sehr wichtig, wenn es sich um die objektive Nachprüfung von Klagen über raumklimatisch ungünstige Stellen, Sitz- und Arbeitsplätze u. dgl. handelt. Ursächlich kommen dafür entweder Mängel in der Temperaturverteilung oder Belästigungen durch bewegte Luft oder das Auftreten von regelrechten Zugerscheinungen oder vermehrte Abstrahlung des Körpers gegen kalte Flächen in Betracht. Bei solchen Nachprüfungen wird man sich am besten von der im Einzelfall angegebenen Vermutung über das Zustandekommen der Erscheinung unabhängig machen und alle überhaupt möglichen Ursachen berücksichtigen. In den meisten Fällen wird man so einen zuverlässigen Anhaltspunkt über die tatsächliche Berechtigung der Klagen und auch für wirksame Gegenmaßnahmen erhalten können.

Gelegentlich werden Beschwerden über lästigen Wärmeentzug durch zu kalten *Fußboden* zu entscheiden sein. Sofern im selben

Raum oder in verschiedenen Stockwerken des Gebäudes brauchbare Vergleichsmöglichkeiten gegeben sind, können Messungen mit dem Katathermometer nützliche Hinweise liefern. Bei solchen Messungen muß so vorgegangen werden, daß der Katawert 10 cm, 5 cm und 2 cm über dem Fußboden bestimmt wird. Die erhaltenen Werte sind auf Kurvenpapier einzutragen und erlauben durch Extrapolation zum Nullwert hin eine Bestimmung des eigentlichen Fußbodenwertes.

Häufig wird die Notwendigkeit bestehen, sich über den Weg von Luftströmungen ein *anschauliches* Bild machen zu müssen. Neben der bekannten Rauchprobe eignet sich zur Sichtbarmachung von Luftbewegungen das *Titanium tetrachloratum*, weil es in der Anwendung besonders handlich ist und auch kaum lästiger wirkt als die ebenfalls dafür benutzten Ammoniakdämpfe.

Ein Übersichtsplan für die Durchführung raum-klimatischer Messungen befindet sich am Schluß des Buches.

B. Die Durchführung der Einzelmessung.

1. Die Trockentemperatur. Zu ihrer Bestimmung müssen Quecksilber-Einschlußthermometer verwendet werden, deren Strahlungsschutz aus einem metallisch glänzenden Schutzmantel mit ausreichender Zahl von Durchlüftungsöffnungen besteht. Bei der Messung sind als wichtigste Fehlerquellen der sog. „tote Gang" und die Parallaxe zu vermeiden. Jener kann durch leichtes Beklopfen des Thermometers kurz vor der Ablesung, diese nötigenfalls durch Verwendung von Spiegel und Lupe vermieden werden. Man hält zu diesem Zweck hinter das Thermometer möglichst parallel zur Kapillare einen Spiegel und bringt das Spiegelbild des Auges in Höhe der Quecksilberkuppe. Bei Lupenablesung muß der Meniskus in der Mitte des Gesichtsfeldes erscheinen und das Auge so gerichtet werden, daß der dem Meniskus nächstliegende Teilstrich der Skala als gerade Linie erscheint, während die darüberliegenden nach oben, die darunterliegenden nach unten gekrümmt sind. Auseinandergerissene Quecksilberfäden werden meist durch 2—3 maliges Schleudern wieder vereinigt.

Die Bestimmung der trockenen Temperatur der Raumluft sollen in der Mitte des Raumes und 1,50 über dem Fußboden erfolgen, wobei Einwirkungen durch Zugluft zu vermeiden sind. Bei größeren Räumen sind mehrere Meßstellen vorzusehen. Untersuchungen über die vertikale oder horizontale Temperaturverteilung im Raum machen unter Umständen zahlreiche Messungen erforderlich, deren räumliche Festlegung im Protokoll genau vermerkt werden muß. Für genaue Untersuchungen können

Messungen an 5—8 Plätzen mit 3—4 übereinanderhängenden Thermometern erforderlich sein. Die Thermometer werden dann zweckmäßigerweise in 0,5 m (Kniehöhe), 1,5 m (Augenhöhe) über dem Fußboden und 0,5 m unter der Decke aufgehängt.

Alle Messungen der Trockentemperatur, die in *Verbindung mit Katamessungen* ausgewertet werden sollen, müssen auf $1/_{10}$° genau und an derselben Stelle gemacht werden, an der mit dem Katathermometer gemessen wird. In solchen Fällen empfiehlt es sich, insgesamt vier Messungen hintereinander mit beiden Instrumenten abwechselnd vorzunehmen und die zusammengehörigen Zahlenpaare für sich auszuwerten. Erst dann wird durch Mittelung der Endwert errechnet. Will man die Messungen gleichzeitig — am selben Stativ mit Doppelarm — machen, so müssen die Instrumente etwa 20 cm voneinander entfernt hängen.

2. Die Luftfeuchtigkeit. Ihre Bestimmung erfolgt mit einem künstlich belüfteten Psychrometer am zweckmäßigsten in der Form, wie es als „Assmannsches Aspirationspsychrometer" allenthalben bekannt ist. Der Strumpf des feuchten Thermometers soll aus glattem — nicht flockigem oder wollartigem — Musselin bestehen und die Quecksilberkuppe völlig faltenlos umschließen. Bei der Anfeuchtung des Strumpfes ist darauf zu achten, daß er kein abtropfbares Wasser festhält. Man sollte daher stets bei der Anfeuchtung des Strumpfes den metallenen Strahlungsschutz abschrauben, weil erst dann die Befeuchtung genau überwacht werden kann. Das Laufwerk des Aspirators ist stets ganz aufzuziehen und nach einiger Zeit gelegentlich zu überprüfen, damit die eingesaugte Luft mit der erforderlichen Geschwindigkeit von etwa 2 m/s an den Thermometern vorbeigesaugt wird. Beim Ablesen empfiehlt es sich, zur Vermeidung von Einflüssen durch die Atmungsluft, eine Zellonscheibe o. ä. vor den Mund zu halten.

Ist die Eigentemperatur des Geräts annähernd ebenso hoch wie die Lufttemperatur an der Meßstelle, so können die Ablesungen sehr bald nach dem ersten Aufziehen (nach 2 Minuten) begonnen werden. Die endgültige Ablesung des Meßergebnisses erfolgt, wenn das trockene Thermometer konstant ist und das feuchte Thermometer seinen tiefsten Stand erreicht hat. Aus der Temperatur des trockenen Thermometers und der Differenz zwischen trockenem und feuchtem Thermometer ergibt sich die relative Luftfeuchtigkeit, die aus der mitgegebenen Psychrometertafel (Zahlentafel 16) unmittelbar abgelesen werden kann. Es ist aber erforderlich, die Thermometeranzeigen im Protokoll stets selbst zu vermerken, um später die Möglichkeit zur Nachprüfung zu haben.

Eine genaue Berechnung der relativen Feuchtigkeit ist mit Hilfe der SPRUNGschen Formel unter Benutzung der Spannungstafel für gesättigten Wasserdampf (Zahlentafel 17) möglich. Bedeutet

e = die gesuchte Dampfspannung in mm,
e' = die maximale Dampfspannung in mm, die der Temperatur des feuchten Thermometers entspricht,
t = die Temperatur des trockenen Thermometers,
t' = die Temperatur des feuchten Thermometers und
B = den Barometerstand in mm,

so ist

$$e = e' - \frac{1}{2}(t - t')\frac{B}{755}.$$

Hieraus berechnet sich dann die *relative Luftfeuchtigkeit* nach der Formel

$$\frac{e}{e''} \cdot 100,$$

worin e'' = die maximale Dampfspannung in mm bei der Temperatur des trockenen Thermometers.

Ergibt sich die Notwendigkeit, gleichzeitig zahlreiche Bestimmungen der Luftfeuchtigkeit durchzuführen, so muß auf den Gebrauch von Haarhygrometern zurückgegriffen werden. Derartige Geräte sind aber stets vor und nach Gebrauch mit dem Aspirationspsychrometer auf die Richtigkeit der Anzeige nachzuprüfen. Als Einstellzeit ist bei guten Haarhygrometern etwa $1/_2$ Stunde anzusetzen.

Eine recht gute Kontrollmöglichkeit bietet das von OBERMILLER[1] angegebene Verfahren, welches von dem Grundgedanken ausgeht, daß die Luftfeuchtigkeit durch abgeschlossene Berührung mit bestimmten Salzen bei konstanter Temperatur auf genau bekannter Höhe eingestellt und gehalten werden kann. In ein mit dichtem Deckel verschließbares Glasgefäß wird auf den Boden eine Schale mit dem ausgewählten Salz gestellt. Die Salze werden in kristallinischer Form verwendet und mit etwa 15—20 Gewichtsprozent destilliertem Wasser angefeuchtet. Dann wird das zu prüfende Haarhygrometer hineingehängt und die Luft im gut verschlossenen Gefäß (etwa mit Hilfe eines kleinen von Hand betriebenen Ventilators od. dgl.) gründlich durchmischt. Wurde als Salz z. B. Kochsalz verwendet, so stellt sich die Luftfeuchtigkeit im Prüfgefäß auf 75% relative Feuchtigkeit ein. Das Haarhygrometer muß dann diesen Wert ebenfalls anzeigen, wenn es richtig

---

[1] Z. angew. Chem. **37**, 904 (1924).

Zur Praxis der Messungen.

Zahlentafel 16. Psychro-

Psychrometrische

t	0°		1°		2°		3°		4°		5°		6°	
°C	e mm	F %	e mm	F %	e mm	F %	e mm	F %	e mm	F %	e mm	F %	e mm	F %
—30	0,4	100												
—25	0,6	100												
—20	0,9	100												
—15	1,4	100	0,8	55										
—10	2,1	100	1,4	67										
— 9	2,3	100	1,6	69										
— 8	2,5	100	1,7	71	1,0	42								
— 7	2,7	100	1,9	73	1,2	46								
— 6	2,9	100	2,1	74	1,4	49								
— 5	3,1	100	2,4	76	1,6	52								
— 4	3,4	100	2,6	77	1,8	55								
— 3	3,7	100	2,9	78	2,1	57	1,3	36						
— 2	4,0	100	3,1	80	2,3	60	1,6	40						
— 1	4,3	100	3,4	80	2,6	61	1,8	43						
0	4,6	100	3,7	81	2,9	63	2,1	45	1,3	28				
1	4,9	100	4,0	82	3,2	65	2,4	48	1,6	32				
2	5,3	100	4,3	82	3,5	66	2,7	51	1,9	35	1,0	19		
3	5,7	100	4,7	83	3,7	66	2,9	51	2,1	37	1,3	23		
4	6,1	100	5,1	84	4,1	67	3,2	52	2,4	39	1,6	26		
5	6,5	100	5,5	84	4,5	69	3,5	54	2,6	39	1,8	28		
6	7,0	100	5,9	85	4,9	70	3,9	56	2,9	42	2,0	28		
7	7,5	100	6,4	85	5,3	71	4,3	57	3,3	44	2,3	31	1,4	18
8	8,0	100	6,9	86	5,8	72	4,7	59	3,7	46	2,7	34	1,7	21
9	8,6	100	7,4	87	6,3	73	5,2	61	4,1	48	3,1	36	2,1	25
10	9,2	100	8,0	87	6,8	74	5,7	62	4,6	50	3,5	39	2,5	28
11	9,8	100	8,6	87	7,4	75	6,2	63	5,1	52	4,0	41	2,9	30
12	10,5	100	9,2	88	8,0	76	6,8	65	5,6	54	4,5	43	3,4	33
13	11,2	100	9,8	88	8,6	77	7,3	66	6,2	55	5,0	45	3,9	35
14	11,9	100	10,5	88	9,2	78	8,0	67	6,7	57	5,6	47	4,4	37
15	12,7	100	11,3	89	9,9	78	8,6	68	7,4	58	6,1	49	5,0	39
16	13,5	100	12,1	89	10,7	79	9,4	69	8,0	59	6,8	50	5,5	41
17	14,4	100	13,0	90	11,5	80	10,1	70	8,7	61	7,4	52	6,2	43
18	15,4	100	13,8	90	12,3	80	10,9	71	9,5	62	8,1	53	6,8	44
19	16,3	100	14,7	90	13,2	81	11,7	72	10,3	63	8,9	54	7,5	46
20	17,4	100	15,7	91	14,1	81	12,6	72	11,1	64	9,6	55	8,3	47
21	18,5	100	16,8	91	15,1	82	13,5	73	12,0	65	10,5	57	9,0	49
22	19,6	100			16,2	82	14,5	74	12,9	66	11,4	58	9,9	50
23	20,9	100			17,3	83	15,5	74	13,9	66	12,3	59	10,8	52
24	22,2	100			18,4	83	16,6	75	14,9	67	13,3	60	11,7	53
25	23,5	100					17,8	76	16,0	68	14,3	61	12,7	54
26	25,0	100					19,0	76	17,2	69	15,4	62	13,7	55
27	26,5	100							18,4	69	16,6	63	14,8	56
28	28,1	100							19,7	70	17,8	63	16,0	57
29	29,7	100									19,1	64	17,2	58
30	31,5	100									20,5	65	18,5	59

meter-Tafel.

Differenz																	
7°		8°		9°		10°		11°		12°		13°		14°		15°	
e mm	F %	e mm	F %	e mm	F %	e mm	F %	e mm	F %	e mm	F %	e mm	F %	e mm	F %	e mm	F %
1,5	16																
1,9	19																
2,3	22	1,3	13														
2,8	25	1,7	16														
3,3	28	2,2	18	1,1	10												
3,8	30	2,7	21	1,6	13												
4,3	32	3,2	24	2,1	15												
4,9	34	3,7	26	2,6	18	1,5	10										
5,5	36	4,3	28	3,1	20	2,0	13										
6,2	38	4,9	30	3,7	23	2,5	16	1,4	9								
6,9	40	5,6	32	4,3	25	3,1	18	1,9	11								
7,6	41	6,3	34	5,0	27	3,7	20	2,5	14								
8,1	13	7,0	36	5,7	20	4,1	22	3,1	16	1,0	10						
9,2	44	7,8	38	6,4	31	5,1	25	3,8	18	2,5	12						
10,1	46	8,7	39	7,2	33	5,8	26	4,5	20	3,2	15						
11,1	47	9,5	40	8,0	34	6,6	28	5,2	22	3,9	16	2,6	11				
12,1	48	10,5	42	8,9	36	7,4	30	6,0	24	4,6	18	3,3	13				
13,1	49	11,4	43	9,8	37	8,3	31	6,8	26	5,4	20	4,0	15	2,7	11		
14,2	51	12,5	44	10,8	39	9,2	33	7,7	27	6,2	22	4,8	17	3,4	12		
15,3	52	13,6	46	11,9	40	10,2	34	8,6	29	7,1	24	5,6	19	4,2	14		
16,6	53	14,7	47	13,0	41	11,2	36	9,6	30	8,0	25	6,5	21	5,0	16	3,6	11

Zahlentafel 17. Spannungstafel für gesättigten Wasserdampf.
Dampfdruck über flüssigem Wasser.

Temp. °C	0,0	0,1	0,2	0,3	0,4	0,5	0,6	0,7	0,8	0,9	Gewicht in m³ g
—10	2,17	2,15	2,13	2,12	2,10	2,08	2,07	2,05	2,03	2,02	2,37
— 9	2,34	2,32	2,31	2,29	2,27	2,25	2,23	2,22	2,20	2,18	2,53
— 8	2,53	2,51	2,49	2,47	2,45	2,43	2,42	2,40	2,38	2,36	2,73
— 7	2,73	2,71	2,69	2,67	2,65	2,63	2,61	2,59	2,57	2,55	2,95
— 6	2,95	2,93	2,91	2,88	2,86	2,84	2,82	2,80	2,78	2,75	3,17
— 5	3,18	3,16	3,03	3,11	3,09	3,06	3,04	3,02	3,00	2,97	3,40
— 4	3,43	3,41	3,38	3,35	3,33	3,30	3,28	3,26	3,23	3,21	3,66
— 3	3,70	3,67	3,64	3,61	3,59	3,56	3,53	3,51	3,48	3,46	3,94
— 2	3,98	3,95	3,92	3,89	3,86	3,84	3,81	3,78	3,75	3,72	4,22
— 1	4,28	4,25	4,22	4,19	4,16	4,13	4,10	4,07	4,04	4,01	4,51
— 0	4,60	4,57	4,54	4,51	4,47	4,44	4,41	4,38	4,35	4,31	4,84
+ 0	4,60	4,64	4,67	4,71	4,74	4,77	4,81	4,84	4,88	4,91	4,84
1	4,95	4,99	5,02	5,06	5,09	5,13	5,17	5,20	5,24	5,28	5,20
2	5,32	5,35	5,39	5,43	5,47	5,51	5,55	5,59	5,63	5,67	5,58
3	5,71	5,75	5,79	5,83	5,87	5,91	5,95	6,00	6,04	6,08	5,96
4	6,12	6,17	6,21	6,25	6,30	6,34	6,39	6,43	6,48	6,52	6,38
5	6,57	6,61	6,66	6,70	6,75	6,80	6,85	6,89	6,94	6,99	6,81
6	7,04	7,09	7,14	7,18	7,23	7,28	7,33	7,39	7,44	7,49	7,28
7	7,54	7,59	7,64	7,69	7,75	7,80	7,85	7,91	7,96	8,02	7,76
8	8,07	8,13	8,18	8,24	8,29	8,35	8,41	8,46	8,52	8,58	8,28
9	8,64	8,69	8,75	8,81	8,87	8,93	8,99	9,05	9,11	9,17	8,83
10	9,23	9,30	9,36	9,42	9,48	9,55	9,61	9,68	9,74	9,81	9,40
11	9,87	9,94	10,00	10,07	10,14	10,20	10,27	10,34	10,41	10,48	10,02
12	10,54	10,61	10,68	10,75	10,83	10,90	10,97	11,04	11,11	11,19	10,67
13	11,26	11,33	11,41	11,48	11,56	11,63	11,71	11,78	11,86	11,94	11,36
14	12,02	12,09	12,17	12,25	12,33	12,41	12,49	12,57	12,65	12,73	12,09
15	12,82	12,90	12,98	13,07	13,15	13,24	13,32	13,41	13,49	13,58	12,85
16	13,66	13,75	13,84	13,93	14,02	14,11	14,20	14,29	14,38	14,47	13,65
17	14,56	14,65	14,75	14,84	14,93	15,03	15,12	15,22	15,32	15,41	14,50
18	15,51	15,61	15,70	15,80	15,90	16,00	16,10	16,20	16,30	16,41	15,39
19	16,51	16,61	16,72	16,82	16,93	17,03	17,14	17,25	17,35	17,46	16,39
20	17,57	17,68	17,79	17,90	18,01	18,12	18,23	18,34	18,46	18,57	17,32
21	18,68	18,80	18,92	19,03	19,15	19,27	19,38	19,50	19,62	19,74	18,35
22	19,86	19,98	20,11	20,23	20,35	20,48	20,60	20,73	20,85	20,98	19,44
23	21,10	21,23	21,36	21,49	21,62	21,75	21,88	22,02	22,15	22,28	20,60
24	22,42	22,55	22,69	22,82	22,96	23,10	23,24	23,38	23,52	23,66	21,80
25	23,80	23,94	24,08	24,23	24,37	24,51	24,66	24,81	24,96	25,10	23,08
26	25,25	25,40	25,55	25,70	25,86	26,01	26,16	26,32	26,47	26,63	24,41
27	26,78	26,94	27,10	27,26	27,42	27,60	27,74	27,90	28,07	28,23	25,80
28	28,40	28,56	28,73	28,89	29,06	29,23	29,40	29,57	29,75	29,92	27,27
29	30,09	30,27	30,44	30,62	30,79	30,97	31,15	31,33	31,51	31,69	28,80
30	31,87	32,06	32,24	32,43	32,61	32,80	32,99	33,17	33,36	33,56	30,40

Zahlentafel 17. (Fortsetzung.)

Temp. °C	0,0	0,1	0,2	0,3	0,4	0,5	0,6	0,7	0,8	0,9	Gewicht in m³ g
31	33,74	33,94	34,13	34,32	34,52	34,72	34,91	35,10	35,31	35,51	32,10
32	35,70	35,91	36,12	36,32	36,52	36,73	36,93	37,14	37,35	37,56	33,86
33	37,77	37,98	38,20	38,42	38,64	38,84	39,06	39,28	39,50	39,72	35,70
34	39,94	40,16	40,39	40,62	40,84	41,06	41,29	41,52	41,75	41,98	37,62
35	42,22	42,45	42,69	42,92	43,16	43,40	43,64	43,88	44,12	44,36	39,65
36	44,61	44,85	45,09	45,34	45,59	45,84	46,10	46,35	46,60	46,86	41,74
37	47,11	47,37	47,63	47,89	48,15	48,41	48,67	48,94	49,20	49,47	43,94
38	49,74	50,01	50,28	50,55	50,82	51,10	51,37	51,65	51,93	52,21	46,25
39	52,50	52,77	53,06	53,34	53,63	53,91	54,20	54,49	54,78	55,08	48,65
40	55,37	55,67	55,96	56,26	56,56	56,86	57,17	57,47	57,77	58,08	51,16

mißt. Tut es das nicht, so muß eine entsprechende Nachregelung des Haares erfolgen. Wählt man an Stelle von Kochsalz z. B. Kaliumsulfat oder Kalziumchlorid, so enthält die Luft eine relative Feuchtigkeit von rund 92 bzw. 35%. Der besondere Wert dieses Prüfverfahrens liegt darin, daß das Haarhygrometer in genau so feuchter Luft geeicht werden kann, als sie am Untersuchungsort annähernd zu erwarten ist. Eine Gegenkontrolle mit dem Aspirationspsychrometer wird aber hierdurch nicht überflüssig.

Das Aspirationspsychrometer ist auch für Nacheichungen selbstschreibender Instrumente zu benutzen, von denen für raumklimatische Untersuchungen vor allem Thermo- und Hygrographen, häufig in den vereinigten Formen des Thermohygrographen in Betracht kommen. Sobald derartige Geräte einen größeren Transport hinter sich haben, ist mit Falschanzeigen zu rechnen. Nach erfolgter Aufstellung am Meßplatz und nach der Inbetriebnahme ist daher stets eine Überprüfung der Anzeige durch eine genaue Messung von Temperatur und Feuchtigkeit vorzunehmen, die bei längerem Betrieb des Geräts hin und wieder zu wiederholen ist.

3. Die Messung mit dem Katathermometer. Es dürfen nur geeichte Katathermometer benutzt werden, auf deren Stiel die beiden Temperaturen 38 und 35° und die Eichziffer eingeätzt ist. Sowohl beim gewöhnlichen wie beim versilberten Katathermometer sind Instrumente mit *Quecksilberfüllung* den häufig verwendeten Alkoholthermometern vorzuziehen.

Zur Messung wird das Instrument in der Thermosflasche, die mit Wasser von 50—70° gefüllt ist, so lange aufgewärmt, bis die Thermometerflüssigkeit in die obere Erweiterung der Kapillare gestiegen ist und diese zu etwa ein Viertel ihres Volumens angefüllt hat. Sodann wird das Instrument schnell, aber sorgfältig mit einem weichen Tuch abgetrocknet, wobei besonders auf gute Trocknung des Überganges zwischen Stiel und Thermometergefäß zu achten ist. Eine Aufwärmung des Instrumentes etwa in der Flamme od. dgl. ist keinesfalls zulässig.

Das so vorbereitete Instrument wird an der Meßstelle in der Weise aufgehängt, daß ein Pendeln ausgeschlossen ist. Es empfiehlt sich, das Instrument mit seinem oberen Ende fest in einen durchbohrten Gummistopfen einzustecken, dessen Bohrung so eng ist, daß es nicht von selbst herausrutschen kann. Mit diesem Stopfen wird das Gerät in die Halteklemme des Stativs od. dgl. eingeklemmt.

Mit der Stoppuhr wird dann möglichst auf Zehntelsekunden genau festgestellt, welche Zeit der Thermometerfaden braucht, um den Temperaturbereich zwischen 38 und 36° zu durchlaufen. Jede Messung der Abkühlungsgröße ist grundsätzlich mindestens doppelt zu machen. Die auf S. 39 angegebenen Meßbedingungen sind zu beachten.

Die Errechnung der Abkühlungsgröße erfolgt durch Division des Eichwertes des Instruments durch die gestoppte Zeit. Die Benutzung der Abkühlungsgröße zur Ermittlung der Luftgeschwindigkeit und der Behaglichkeitsziffer B erfolgt entweder mit Hilfe der auf S. 48 und 61 angegebenen Formeln oder kann unmittelbar unter Zuhilfenahme des auf S. 65 mitgeteilten Schaubildes geschehen.

Bei Messungen mit dem versilberten Katathermometer ist stets darauf zu achten, daß der Silberüberzug blank ist. Ein infolge längeren Gebrauches und häufigen Putzens schadhaft gewordener Silberüberzug kann bei sachgemäß hergestellten Geräten[1] erneuert werden, ohne eine Neueichung notwendig zu machen.

4. Die Messung mit dem Anemometer. Zur Verwendung eignen sich besonders Instrumente, die eine unmittelbare Ablesung der Luftgeschwindigkeit in m/s erlauben. Diese Instrumente müssen genau geeicht sein und geben dann bei gerichteten, nicht zu kleinen Luftgeschwindigkeiten (etwa über 0,25 m/s) sehr genaue Werte. Das Anemometer soll nicht für die Messung von Luftgeschwindigkeiten in Kanälen oder zur Bestimmung feiner, diffuser Luftbewegungen im Raum benutzt werden. Für den ersten Fall kommen andere, hier nicht zu erörternde Meßverfahren in Betracht, und im zweiten Fall ist mit dem Katathermometer zu arbeiten. Im Rahmen der hier besprochenen Untersuchungen dient das Anemometer in der Hauptsache zur Messung der Luft-

---

[1] Hersteller: Richter & Wiese, Berlin N. 4, Chausseestraße 106.

geschwindigkeit an Luftein- und Luftaustrittsöffnungen. Die Messungen haben entweder in der Öffnungsebene oder, sofern ein Gitterverschluß vorhanden ist, unmittelbar am Gitter zu erfolgen. Unter Berücksichtigung des Umstandes, daß das Anemometer nur die Geschwindigkeit solcher Luftströme richtig angibt, die auf die Ebene des Flügelrädchens wirken, wird das Meßergebnis um so genauer, je mehr Einzelbestimmungen vorgenommen werden. Bei größeren Zu- und Abluftöffnungen ist darauf zu achten, daß die einzelnen Bestimmungen gut verteilt über den ganzen Öffnungsquerschnitt erfolgen. Aus den Einzelablesungen wird sodann das Mittel gezogen.

Beträgt die freie Fläche der Öffnung in m² (F), die erhaltene mittlere Luftgeschwindigkeit in m/s (w), so errechnet sich die stündlich durch die Öffnung hindurchströmende Luftmenge (V) nach der Formel

$$V = F \cdot w \cdot 3600 \ \text{m}^3/\text{Std.}$$

5. Die Bestimmung des Kohlensäuregehaltes der Luft. Kohlensäurebestimmungen in der Luft können aus zwei Gründen erforderlich werden. Sie vermögen einen brauchbaren Verschlechterungsmaßstab von Raumluft gegenüber frischer Außenluft abzugeben, sofern die Anreicherung der Luft an Geruchsstoffen ausschließlich auf Stoffwechselprodukte des menschlichen Körpers zurückgeht. Dem Gehalt der Raumluft an Kohlensäure kommt also in erster Linie vergleichsweise Bedeutung zu, und nur in solchen Fällen, wo sich durch die Erfahrung die Zuordnung eines bestimmten Kohlensäuregehaltes zu einer bestimmten, subjektiv empfundenen Luftverschlechterung im Sinne „verbrauchter Luft" ergeben hat, lassen sich einzelne Kohlensäurekonzentrationen als genaues Anzeichen für „schlechte Luft" festlegen. Immerhin kann man sagen, daß Kohlensäuregehalte zwischen 1 und 2⁰/₀₀ (mit einem Mittelwert bei 1,5⁰/₀₀) im geschlossenen Raum meistens eine Luft anzeigen, die sich von den erwünschten Eigenschaften reiner Außenluft schon weit entfernt hat. Mit Hilfe von Kohlensäurebestimmungen lassen sich ferner Einblicke in das Ausmaß der natürlichen Ventilation von geschlossenen Räumen erhalten, d. h. in die Luftmenge, die bei geschlossenen Fenstern und Türen durch Ritzen, Spalten, Poren des Mauerwerks usw. infolge Windanfall oder Temperaturunterschieden zwischen Innen und Außen ausgetauscht wird (sog. Poren- und Ritzenventilation).

Bestimmung der natürlichen Ventilation.

Zunächst wird der Inhalt des Raumes ausgemessen, wobei vorhandene Möbel, Einrichtungsgegenstände u. dgl. abzuziehen sind. Sodann reichert man die Luft mit Kohlensäure (am besten aus der Bombe) an, mischt sie gut durch (Schwenken von Tüchern od. dgl.) und bestimmt den jetzt vorhandenen Kohlensäuregehalt. Nach $^1/_2$—1 Stunde, während der Zeit der Raum sich selbst überlassen blieb, wird die Kohlensäurebestimmung wiederholt, die nunmehr einen kleineren Wert als beim erstenmal liefert. In der Zwischenzeit sind Kohlensäurebestimmungen in der Luft der angrenzenden Räumlichkeiten und gegebenenfalls im Freien gemacht worden, aus denen das Mittel gebildet wird. Die während der gewählten Versuchszeit in den Raum eingedrungene Frischluftmenge berechnet sich nach der Formel von SEIDEL:

$$C = 2{,}303 \cdot M \cdot \log \frac{p_1 - a}{p_2 - a},$$

worin

C = eingedrungene Luftmenge in m³,

M = Rauminhalt in m³,

p_1 = der zu Beginn des Versuchs ⎱ vorhandene Kohlen- ⎱
p_2 = der am Ende des Versuchs ⎰ säuregehalt ⎰ und

a = das Mittel aus den Kohlensäuremengen der anstoßenden Räume

ist.

Beispiel: Zimmergröße 82 m³; Versuchsdauer $^3/_4$ Stunde; $p_1 = 3{,}2^0/_{00}$, $p_2 = 2{,}75^0/_{00}$; Kohlensäuregehalt in den angrenzenden Räumen bzw. im Freien 0,5, 0,6, 0,7 und 0,3 %₀, mithin Kohlensäuregehalt der zuströmenden Luft im Mittel $a = 0{,}5^0/_{00}$.

Also ist

$$C = 2{,}303 \cdot 82 \cdot \log \frac{3{,}2 - 0{,}5}{2{,}75 - 0{,}5},$$

$$= 2{,}303 \cdot 82 \cdot \log 1{,}20,$$

$$= 2{,}303 \cdot 82 \cdot 0{,}079,$$

$$= 24{,}8 \ \mathrm{m^3}/^3/_4 \ \mathrm{Std.} = \underline{33{,}07 \ \mathrm{m^3/Std.}}$$

Ergibt sich die Notwendigkeit, lediglich die Größe der Porenventilation zu bestimmen, so muß der Raum zur Durchführung des Versuchs abgedichtet werden in der Weise, wie es z. B. bei Raumdurchgasungen üblich ist (Bekleben der Fenster- und Türritzen mit gummierten Papierstreifen, Abdichten der Öfen, Türschlösser usw.).

Eine genaue Bestimmung des Kohlensäuregehaltes der Luft setzt die Hilfsmittel eines chemischen Laboratoriums voraus. Die beste Methode ist nach wie vor die von PETTENKOFER angegebene, bei der eine genaue abgemessene Luftmenge mit Barytwasser bekannter Alkalinität geschüttelt wird. Infolge der Anwesenheit von Kohlensäure nimmt die Alkalinität der Lösung ab, und aus dem Unterschied zu Beginn und am Ende des Versuchs kann die absorbierte Menge Kohlensäure titrimetrisch genau bestimmt werden.

Verfahren nach PETTENKOFER. Zur Bestimmung der Kohlensäure nach PETTENKOFER benötigt man eine Barytlauge, die im Liter 3,5 g Bariumhydroxyd und 0,2 g Bariumchlorid enthält und eine Oxalsäurelösung, die durch Auflösen von genau 1,405 g kristallisierter Oxalsäure ($C_2O_4H_2 + 2H_2O$) in einem Liter destilliertem Wasser erhalten worden ist. Als Indikator werden beim Titrieren 1—2 Tropfen einer alkoholischen Phenolphthaleinlösung benutzt. Bei diesen Konzentrationen wird erreicht, daß 1 cm³ Oxalsäurelösung ebensoviel Bariumhydroxyd bindet wie $^1/_4$ cm³ Kohlensäure bei 0° und 760 mm Druck, wodurch sich die Berechnung des Ergebnisses erleichtert. Die für die Barytlauge benutzte Vorratsflasche muß eine Kalilaugevorlage besitzen, in der die Kohlensäure der bei der Entnahme nachströmenden Luft restlos absorbiert wird.

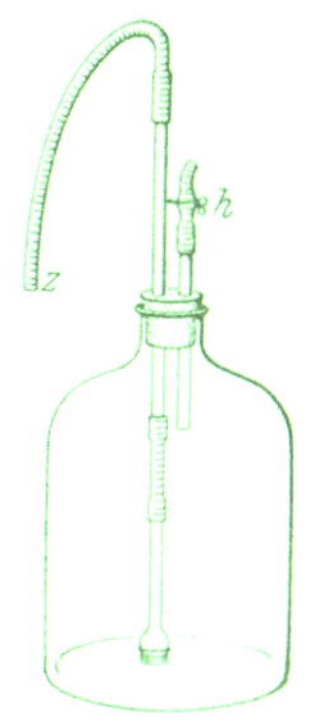

Abb. 27. Luftentnahmeflasche zur Kohlensäurebestimmung.

Die zu untersuchende Luft wird mittels Blasebalgs in eine gut getrocknete 5 l-Glasflasche gepumpt (Atmungsluft vermeiden!), deren Inhalt vorher genau ausgemessen ist (s. Abb. 27). Beim Einfüllen der Untersuchungsluft soll fünfmalige Erneuerung der Flaschenluft erreicht werden. Sodann werden mit der Pipette genau 100 cm³ Barytlauge aus der Vorratsflasche in diese Flasche gegeben. Die Pipette darf dabei nicht ausgeblasen werden; die letzten Tropfen werden durch Verschluß des oberen Pipettenendes mit dem Finger und Erwärmen des Pipettenbauches mit der Hand herausgedrückt. Jetzt wird die Flasche mit einer Gummikappe verschlossen und 15 Minuten lang durchgeschüttelt, wobei die Flaschenluft zur Absorption der Kohlensäure gut mit der Barytlauge in Berührung kommen muß. Dabei ist darauf zu achten, daß die Barytlauge nicht gegen die Gummikappe spritzt. Um das Absitzen des ausgefallenen kohlensauren Baryts (die Lösung trübt sich beim Schütteln), was 3 Stunden und länger dauern kann, zu vermeiden, wird nach Entfernung der Gummikappe eine Filtervorrichtung auf die Flasche aufgesetzt, wie sie Abb. 28 zeigt. Der kleine Trichter, der in die getrübte Barytlauge eintauchen muß, trägt einige Lagen Filtrierpapier und darüber ein dünnes Leinwandläppchen. In den Schlauch wird sodann bei z eine Pipette eingesteckt und unter Öffnen des Quetschhahnes h von der Absorptionsflüssigkeit genau die Menge von 25 cm³ abpipettiert.

Abb. 28. Flasche zum Einfüllen und Filtern der Barytlauge.

Diese abgesaugte Barytlösung muß völlig klar sein und wird unter weitgehender Vermeidung von Luftzutritt in ein Erlenmeyerkölbchen gefüllt und nach Zusatz von 2—3 Tropfen des Indikators mit der Oxalsäurelösung titriert. Die Differenz, die sich jetzt beim Titrieren zu dem Wert ergibt, den die Ausgangsbarytlösung beim Titrieren mit der Oxalsäure liefert, zeigt unmittelbar an, wieviel cm^3 Kohlensäure das in die Flasche eingepumpte Luftvolumen enthalten hat. Es braucht jetzt nur noch das Flaschenvolumen von den beim Versuch herrschenden Temperatur- und Druckbedingungen auf 0° und 760 mm umgerechnet und der Wert der gefundenen Kubikzentimeter Kohlensäure durch das errechnete Flaschenvolumen dividiert und mit 1000 multipliziert zu werden, um den Kohlensäuregehalt in Promille zu erhalten. Es empfiehlt sich, die Titration mit einer zweiten $25\ cm^3$-Portion zu wiederholen, die sich aus der Versuchsflasche noch unschwer in der angegebenen Weise herauspipettieren läßt. Eine vorherige Einübung der Methode ist anzuraten, die am besten mit reiner Außenluft vorgenommen wird, deren Kohlensäuregehalt — abgesehen von möglichen Schwankungen — durchschnittlich $0,3^0/_{00}$ beträgt.

Die Berechnung des Analysenergebnisses möge im einzelnen das folgende Beispiel klarmachen.

Die zur Entnahme der Luftprobe benutzte Flasche möge einen genauen Inhalt von $4988\ cm^3$ haben. Da zur Absorption der Kohlensäure $100\ cm^3$ Barytlauge eingefüllt werden, so bleiben als wirklicher Luftraum nur $4888\ cm^3$ übrig, die der Berechnung zugrunde zu legen sind. Die während des Versuchs für Lufttemperatur und Luftdruck gemessenen Werte mögen 25° und 740 mm betragen haben. Das Luftvolumen in der Flasche muß also auf Normalbedingungen von 0° und 760 mm umgerechnet werden, was

mit Hilfe der bekannten Formel $V_{0°,760} = \dfrac{V_b \cdot B}{(1 + \alpha \cdot t) \cdot 760}$ geschieht, worin

$\alpha = {}^1/_{273}$ (Ausdehnungskoeffizient für Gase), $B = 740$ und $t = 25$ zu setzen ist. Unter Benutzung der in der Zahlentafel 18 eingetragenen Werte ergibt sich, daß $B/760 = 0,9737$ und $(1 + \alpha \cdot t) = 1,0917$ wird. Für das auf 0° und 760 mm reduzierte Flaschenvolumen wird also nach dem Ausdruck $\dfrac{4888 \cdot 0,9737}{1,0917}$ der Wert $\underline{4359\ cm^3}$ erhalten.

Zahlentafel 18.

$(1 + t\alpha)$ *	$B/760$ **
bei −20° = 0,9267	bei 730 mm = 0,9605
„ −15° = 0,9450	„ 735 „ = 0,9671
„ −10° = 0,9633	„ 740 „ = 0,9737
„ − 5° = 0,9817	„ 745 „ = 0,9803
„ 0° = 1,0000	„ 750 „ = 0,9868
„ + 5° = 1,0183	„ 755 „ = 0,9934
„ +10° = 1,0367	„ 760 „ = 1,0000
„ +15° = 1,0550	„ 765 „ = 1,0066
„ +20° = 1,0733	„ 770 „ = 1,0132
„ +25° = 1,0917	„ 775 „ = 1,0197
„ +30° = 1,1100	„ 780 „ = 1,0263

Wären dann ferner bei der Titration der Barytlösung der Vorratsflasche für $25\ cm^3$ Lauge $22,6\ cm^3$ Oxalsäurelösung und für $25\ cm^3$ der im Versuch gewesenen Barytlauge nur mehr $18,2\ cm^3$ Oxalsäurelösung verbraucht worden, so entfällt die sich ergebende Differenz von $4,4\ cm^3$ auf die vorhanden gewesene Kohlensäure bei 0° und 760 mm.

---

* Differenzbetrag je 1° = 0,0037.
** Differenzbetrag je mm = 0,0013.

Der Promillegehalt der untersuchten Luft an Kohlensäure errechnet sich schließlich nach der Proportion

$$4359 : 4{,}4 = 1000 : x$$

zu

$$x = \frac{4{,}4 \cdot 1000}{4359} = \underline{1{,}01^0/_{00}}.$$

Schnellverfahren nach Lunge-Zeckendorf. Vielfach wird es genügen, wenn man sich schnell einen annäherungsweise richtigen Wert für den Kohlensäuregehalt einer Luft verschaffen kann. Hierfür ist das von Lunge-Zeckendorf in die hygienische Untersuchungsmethodik eingeführte Verfahren brauchbar, das noch den Vorteil hat, sich die benötigte Apparatur leicht selbst herstellen zu können. Wenn das gut nach der Vorschrift geschieht, so geben die unten aufgeführten Mittelwerte annähernd richtige Ergebnisse. Die Genauigkeit läßt sich zu völlig befriedigenden Angaben steigern, wenn der betreffende Apparat in 2—3 Luftarten mit verschiedenem, gut bekannten Kohlensäuregehalt geeicht wird und die dabei gefundenen Werte zur Korrektur der angegebenen Zahlentafel benutzt werden. Auf diese Weise werden die durch die Größenabweichungen der Flasche und des Gummiballons von den angegebenen Zahlen möglicherweise bedingten Fehlerquellen vermieden. Sofern

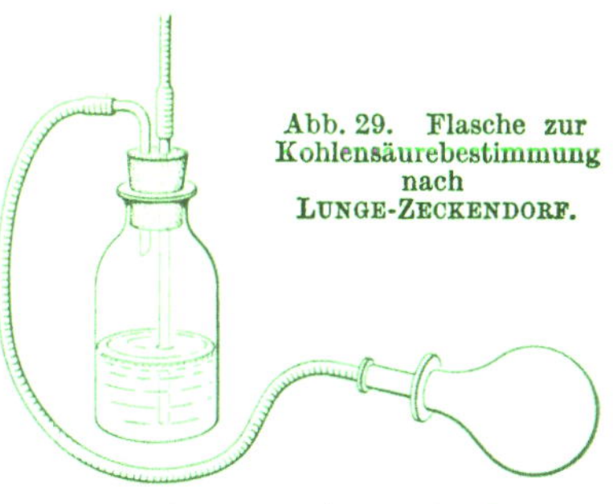

Abb. 29. Flasche zur Kohlensäurebestimmung nach Lunge-Zeckendorf.

keine andere Möglichkeit besteht, kann man sich in der Apotheke die benötigten Reagenzien in vorschriftsmäßiger Weise besorgen. Das Gerät kann von einer einzigen Person bedient werden und gibt bei genügendem Vertrautsein durchaus zuverlässige Werte. Auch hierbei muß darauf geachtet werden, daß keine Ausatmungsluft mit eingesaugt wird. Die Zusammenstellung des Geräts geschieht folgendermaßen:

Zu einem Pulverfläschchen (s. Abb. 29) von etwa 80 cm³ Inhalt wird ein passender, doppelt durchbohrter Kautschukstopfen ausgesucht. Die eine Bohrung trägt ein gerades, bis zum Boden des Fläschchens reichendes Glasrohr und an dessen äußerem Ende ein Stück Gummischlauch; durch die andere Bohrung ist ein kurzes gekrümmtes Glasrohr gesteckt, dessen äußeres Ende durch einen Kautschukschlauch mit einem Gummiballon von etwa 70 cm³ Fassungsvermögen verbunden ist. Ein Längsschlitz von etwa 1 cm Länge in dem letzterwähnten Gummischlauch liefert ein Ventil, das beim Zusammendrücken des Ballons die Luft vollständig austreten läßt, wenn gleichzeitig der Schlauchansatz auf dem geraden Glasrohr zugeklemmt wird; läßt man aber dann den Ballon los und hebt gleichzeitig jenen Verschluß auf, so geht alle Luft nur durch das gerade Glasrohr und das Pulverfläschchen in den Ballon, während das Ventil keine Luft passieren läßt.

Zur Ausführung der Analyse bringt man in das Fläschchen 10 cm³ einer dünnen, mit Phenolphthalein rot gefärbten Sodalösung (man hält sich zweckmäßig eine Lösung von 5,3 g wasserfreier Soda in 1 l = ¹/₁₀ Normallösung vorrätig, in welcher man 0,1 g Phenolphthalein aufgelöst hat. Von dieser Lösung verdünnt man am Versuchstage 2 cm³ mit 100 cm³ destilliertem, ausgekochtem und wieder abgekühltem Wasser). Sodann läßt man mit Hilfe des Ballons und der beschriebenen Ventilwirkung eine Ballon-

füllung Luft des Untersuchungsraumes nach der anderen durch die Sodalösung streichen. Nach jeder frischen Füllung schließt man den offenen
Schlauch durch scharfes Abknicken und schüttelt das Gläschen eine volle
Minute lang, damit alle CO_2 der Luft absorbiert wird. In dieser Weise fährt
man fort, bis die Sodalösung entfärbt ist. Aus der bis dahin verbrauchten
Zahl von Ballonfüllungen läßt sich der CO_2-Gehalt der Luft annähernd entnehmen. Im Mittel braucht man

in einer Luft von 0,3 Promille CO_2 . . . . . . 48 Ballonfüllungen
,, ,, ,, ,, 0,4 ,, ,, ... 35 ,,
,, ,, ,, ,, 0,5 ,, ,, ... 27 ,,
,, ,, ,, ,, 0,6 ,, ,, ... 21 ,,
,, ,, ,, ,, 0,7 ,, ,, ... 17 ,,
,, ,, ,, ,, 0,8 ,, ,, ... 13 ,,
,, ,, ,, ,, 0,9 ,, ,, ... 10 ,,
,, ,, ,, ,, 1,0 ,, ,, ... 9 ,,
,, ,, ,, ,, 1,2 ,, ,, ... 8 ,,
,, ,, ,, ,, 1,4 ,, ,, ... 7 ,,
,, ,, ,, ,, 1,5 ,, ,, ... 6 ,,

Geht der CO_2-Gehalt der Luft über 1,5 Promille hinaus, so ist es besser,
den Versuch mit einer doppelt so starken Sodalösung (2 cm³ der Stamm-
lösung mit 50 cm³ Wasser verdünnt) zu wiederholen. Bei Verwendung
dieser Lösung zeigen an:

1,2 Promille CO_2 . . . . . 16 Ballonfüllungen
1,5 ,, ,, ... 12 ,,
2,0 ,, ,, ... 8 ,,
2,2 ,, ,, ... 7 ,,
2,5 ,, ,, ... 6 ,,
3,0 ,, ,, ... 5 ,,
3,7 ,, ,, ... 4 ,,

Zwecks Vermeidung von Mißverständnissen sei der Arbeitsgang mit dem
Gerät noch einmal kurz beschrieben:

1. Gerät zusammensetzen und durch mehrfache Betätigung des Ballons
mit der zu untersuchenden Luft füllen.

2. Einpipettieren der Reagenzien.

3. Mit der linken Hand das offene Schlauchende fest abknicken und den
Ballon gut zusammendrücken. Die Luft entweicht durch den Schlitz im
Ballonschlauch.

4. Freigabe von Schlauchöffnung und Ballon. Die Untersuchungsluft
dringt ein und perlt durch die Flüssigkeit.

5. Mit der linken Hand offenes Schlauchende wieder verschließen und
Fläschchen 1 Minute lang gut durchschütteln.

Sodann Vorgang gemäß Nr. 3—5 solange erforderlich wiederholen.

C. Allgemeine Grundsätze zur Beurteilung wichtiger
Raumklimate.

Die an ein bestimmtes Raumklima zu stellenden Ansprüche
hängen von der Art der Raumbenutzung ab und, vom Menschen
aus gesehen, davon, ob seine Entwärmung hauptsächlich auf
trockenem Wege (Ruhe, leichte Arbeit) oder über eine stärkere
Wasserverdunstung von der Haut (Hitzeabwehr, schwere Arbeit)

vor sich geht. Sie werden ferner im allgemeinen für die warme
Jahreszeit andere sein müssen als für die winterliche Heizperiode,
da sowohl die verschiedene Kleidung als auch die Gewöhnung
an kältere oder warme Temperaturen gewisse Unterschiede mit
sich bringen. Ein wesentlicher Einfluß ergibt sich schließlich
insofern durch die Größe des zur Verfügung stehenden *Luftraumes*
für den einzelnen Menschen, als er die Entstehung ungünstiger
Luftzustände zumindest hinauszögern kann. Angesichts der Viel-
gestaltigkeit der Raum- und Raumbenutzungsarten erscheint es
aussichtslos, hier andere als einige besonders kennzeichnende Bei-
spiele zu erörtern. Im vollen Bewußtsein, nur eine sehr rohe
Abgrenzung zu geben, wollen wir uns auf die drei folgenden Raum-
arten beschränken:

1. Zum dauernden Aufenthalt von Menschen bestimmte
Räume, in erster Linie „*Wohnräume*", in denen der je Kopf zur
Verfügung stehende Luftraum verhältnismäßig groß ist und
höchstens mittelschwere körperliche Arbeit nur gelegentlich (haus-
wirtschaftliche Arbeit, Heimarbeit) geleistet wird. Hierzu würden
auch Schreibzimmer, Büroräume u. dgl. gehören.

2. Solche Räume, die infolge ihrer Nutzungsart die gleich-
zeitige Anwesenheit zahlreicher, nicht körperlich arbeitender
Menschen verlangen und als Luftraum je Kopf weniger als etwa
2,5—5 m³ bieten. Das würde die große Gruppe der sog. „*Versammlungsräume*" einschließlich der Spielarten, wie Vortragssäle,
Unterrichtsräume, Gaststätten, Lichtspielhäuser usw., umfassen.

3. Regelrechte „*Arbeits- und Betriebsräume*", in denen körperliche Arbeit jeder Art und Schwere zu leisten ist. Hier liegen
die Dinge dann noch verhältnismäßig einfach, wenn es hauptsächlich auf die Fortschaffung der vom arbeitenden Menschen
abgegebenen Wärme- und Feuchtigkeitsmengen ankommt[1]. Die
Aufgabe wird sehr viel schwieriger, sofern der Arbeitsvorgang
selbst die Raumluft in physikalischer und chemischer Beziehung
verschlechtert und eine Entlüftung in der Form starker Luft-
absaugung erforderlich wird. Es ist klar, daß sich hierdurch in
der Regel gewaltige Rückwirkungen auf den Gesamtluftzustand
im Raum ergeben.

1. Wohnräume. Ein diesen Räumen gemeinsames Kennzeichen ist, daß als Mittel zur Lufterneuerung nur die Fenster
in Betracht kommen, die nach den heutigen Anschauungen auch

---

[1] Vgl. W. WIETFELDT: Die Be- und Entlüftung des Normalarbeits-
raumes. Herausgegeben im Auftrage des Technischen Ausschusses der
Deutschen Gesellschaft für Arbeitsschutz. Beiheft 27 z. Zbl. Gewerbehyg.
Berlin: J. Springer 1937.

ausreichend sind, wenn genügend lichte Bebauung vorliegt und zur Erzielung eines schnellen Luftwechsels Querdurchlüftbarkeit möglich ist[1].

Abgesehen von den Wohnungsgepflogenheiten wird die Beschaffenheit des Luftzustandes in diesem Falle von der Belegzahl maßgebend beeinflußt. Unter Benutzung des PETTENKOFERschen Kohlensäuremaßstabes und der Annahme, daß sich die Raumluft infolge der Poren- und Ritzenventilation stündlich etwa zweimal erneuert, wurden bisher als Richtlinie je Kopf 16 m³ Luftraum gefordert. Demgegenüber zeigt SÜPFLE[2], daß die stündliche Lufterneuerung auf diesem Wege tatsächlich im Durchschnitt nicht höher als etwa das 0,7fache des Rauminhaltes beträgt. Daraus ergibt sich, daß der Luftraum je Kopf für Wohnräume und diesen gleichstehende Räume kein brauchbarer Belegungsmaßstab ist, sondern Mindestzahlen für die Zimmerfläche je Kopf und für die Grundfläche sowie die Höhe der Zimmer anzugeben sind. Im äußersten Falle wird man als untere Grenze 4—5 m² je Kopf im Wohn- und Schlafzimmer rechnen dürfen, wobei kein Wohnraum eine kleinere Grundfläche als 8 m² haben darf. Als Raummindesthöhen sollen 2,60 m — für Ausnahmefälle auch noch 2,40 m — gelten. Eine sehr gute Lösung bietet in dieser Hinsicht auch die englische Wohnungsgesetzgebung, in der die zulässige Belegzahl nicht nur von der Größenklasse der Wohnung, sondern zugleich von der Grundflächenbemessung des einzelnen Raumes abhängig gemacht wird[3].

Liegen bei dieser Art von Räumen während der warmen Jahreszeit die Einflußmöglichkeiten auf ihren Luftzustand wegen seiner starken Abhängigkeit von den Verhältnissen der Außenluft nur wenig im Willensbereich des einzelnen, so ist das während der kalten Jahreszeit, wenn die Heizung in Betrieb genommen wird, sehr viel mehr der Fall. Daraus ergab sich bald die Zweckmäßigkeit oder sogar die Notwendigkeit für Vorschriften über die einzuhaltende Temperatur der Raumluft. Als Beispiel sei eine vom Thüringischen Finanzministerium am 10. November 1925 herausgegebene Anweisung[4] über die Beheizung von Dienstgebäuden angeführt, die sich auf ein Gutachten des Hygienischen Universitätsinstituts in Jena gründet, in dem folgende Richtlinien aufgestellt werden:

„Nach praktischen Erfahrungen und wissenschaftlichen Untersuchungen ist für Wohnzimmer in den Wintermonaten eine Temperatur zwischen 17

---

[1] LIESE: Zbl. Bauverw. **1937**, 34/35, S. 877.

[2] SÜPFLE: Gesdh.ing. **60**, 1 (1937).

[3] Vgl. LIESE: Reichsgesdh.bl. **1936**, 67.   [4] Gesdh.ing. **49**, 199 (1925).

und 20° nötig, um Wohlbefinden zu gewährleisten. Allerdings werden 17°
von manchen Menschen bereits als zu kalt empfunden, so daß man besser
eine Temperatur von 18°, in Kopfhöhe gemessen, durch die Heizung herbei-
führen soll. Bei Dauerheizung empfiehlt es sich, diese Temperatur auch
nicht zu überschreiten, weil für viele Menschen bei völliger Durchwärmung
eines Gebäudes 19° schon zu warm sind.

Im allgemeinen werden behördliche Räume überheizt, wodurch sich
dann die Beamten an unnötig hohe Wärmegrade gewöhnen. Es liegt, wenn
man von besonders zugigen oder sonst zu schneller Abkühlung neigenden
Räumen absieht, kein Anlaß vor, selbst bei starker Außenkälte jemals über
20° hinauszugehen.

Die Schwierigkeiten der Entscheidung, ob bei Beginn der Herbstkühle
schon und bei Ausgang des Winters noch geheizt werden soll, bestehen all-
gemein und werden sich kaum durch bestimmte Vorschriften beheben lassen,
weil sie ihre Ursache in der verschiedenen Abhärtung und Empfindlichkeit
gegenüber Temperaturwechsel haben. Im Herbst kommt dabei wesentlich
mit in Betracht, daß die Kleidung noch nicht auf niedrigere Temperaturen
eingestellt zu sein pflegt. Durch entsprechende Wahl der Kleidung läßt es
sich sehr wohl ermöglichen, daß vorübergehend auch noch Wärmegrade
unter 17° in den Büroräumen ertragen werden. Auf die Dauer ist dies jedoch
nicht der Fall, so daß die Forderung einer Beheizung bei einer anhaltenden
Raumwärme von nur 16° nicht unberechtigt erscheint. Sehr häufig liegt der
Fall derart, daß des Morgens die Räume kalt sind, sich aber im Laufe des
Tages durch Sonnenbestrahlung und bei stark besetzten Räumen durch die
von den Insassen selbst entwickelte Wärme in ihrer Temperatur bis auf behagliche Grade erhöhen. Ein einmaliges oder seltener eintretendes Vor-
kommnis dieser Art macht Heizung noch entbehrlich, weil die Wände noch
Wärme enthalten. Bei öfterer oder ständiger Wiederholung wird jedoch ein
kurzes, auf die Morgenstunden beschränktes Heizen notwendig werden, das
sich sowohl bei Zentralheizungen wie bei eisernen Öfen und Gasöfen unschwer ermöglichen läßt, nur bei Kachelöfen Schwierigkeiten bereitet."

Das gilt aber nur für solche Räume, in denen keine durch
eine Luftheizung oder künstliche Lüftungsvorrichtungen bedingte
Bewegung der Raumluft vorhanden ist. Aus bereits vorliegenden
Erfahrungen und auch aus eigenen Beobachtungen kann ge-
schlossen werden, daß es in diesem Fall möglich ist, die Tempera-
turangabe durch Hinzunahme der Abkühlungsgröße zu ver-
bessern. Entsprechend den klimatischen Bedingungen und Wohngepflogenheiten in Deutschland kann dann als *Richtlinie* gelten,
daß das Einhalten einer Lufttemperatur von 17,5—18,5° bei
einer Abkühlungsgröße von 5,5—6,0 während der winterlichen
Heizzeit einen behaglichen Luftzustand ergibt.

Zahlreiche Anfragen aus den verschiedensten Kreisen nach
dem Heizungsbeginn im Herbst und der billigerweise einzuhalten-
den Höhe der Raumtemperatur in Mietshäusern u. ä. Gebäuden
mit Zentralheizung sind von seiten des Reichsgesundheitsamtes
einmal folgendermaßen beantwortet worden[1]:

---

[1] Reichsgesdh.bl. **1935,** 942 (Briefkasten).

Als Richtlinie für den Heiz*beginn* kann die auch im „Deutschen Einheitsmietsvertrag" angeführte Gewohnheitsregel gelten, wonach im Mietshause die Sammelheizung in Gang zu setzen ist, wenn an vier aufeinanderfolgenden Tagen die *Außen*temperatur um 21 Uhr niedriger als 12° ist. — Einzel- oder zentralbeheizte Räume, die zum *dauernden* Aufenthalt von Menschen bestimmt sind, sollten unseren Klimabedingungen und Lebensgewohnheiten entsprechend eine *durchschnittliche* Raumtemperatur zwischen 17,5° und 18,5° aufweisen. Solche Räume, die eine Lufttemperatur unter 17,0° haben oder in denen sie auf 21,0° zustrebt, werden in der Regel als „unbehaglich kalt" bzw. als „überheizt" gelten. In *Gemeinschaftsräumen* (z. B. Unterrichtszimmer, Büroräume u. ä.) müssen sich einzelne, gegen tiefere oder höhere Wärmegrade besonders empfindliche Personen einen Ausgleich durch Wahl einer zweckentsprechenden Kleidung verschaffen. Für *Sonderräume*, wie z. B. Werks- und Fabrikräume, Krankenzimmer, Badezimmer usw., muß die Raumerwärmung dem jeweiligen *Bedürfnis* angepaßt werden; je nach Art des Raumes können hier Lufttemperaturen etwa zwischen 10° und 22° (z. B. Badezimmer) in Betracht kommen.

2. Versammlungsräume. Im Gegensatz zu den Räumen unter 1. stehen in ihnen je Kopf der Person nur kleine Lufträume zur Verfügung, die mitunter sogar noch unter den Wert von 2,5 heruntergehen. Hier sind dann zur Erzielung von Luftverhältnissen, die eine einwandfreie Atmungsluft gewährleisten und die Aufnahme der Überschußwärme des Körpers in ungehinderter und angenehmer Weise ermöglichen, meist künstliche Lüftungseinrichtungen erforderlich. Die Wahl dieser Einrichtungen und ihre Bemessung wird maßgeblich von der für notwendig erachteten Größe des Luftwechsels beeinflußt.

Je nach der Höhe der Kohlensäurekonzentration, die man für zulässig erachten will, und in Abhängigkeit von der Kohlensäuremenge, welche die Menschen stündlich abgeben, ergeben sich dann ganz verschieden hohe Ansprüche an den Luftwechsel. Es wurde bereits gesagt, daß die Richtigkeit des Gleichlaufs zwischen Kohlensäureabgabe und Anreicherung der Luft an Riech- und Ekelstoffen nur sehr bedingt gilt und im Einzelfall von anderen Umständen, z. B. dem Grad der körperlichen Sauberkeit u. dgl., stark durchbrochen werden kann.

Zahlentafel 19.

Kohlensäurequelle:	Stündlich hervorgebrachte CO_2-Menge ca. m³:	Stündlich erforderlicher Luftwechsel (in m³) bei einem angenommenen Kohlensäuregrenzwert von:		
		$0,7^0/_{00}$	$1,0^0/_{00}$	$1,5^0/_{00}$
Kräftiger Mann (28 Jahre) bei der Arbeit	0,0363	121,0	60,5	30,0
Kräftiger Mann (28 Jahre) in Ruhe	0,0226	75,3	37,7	20,5
Mädchen (17 Jahre)	0,0129	43,0	21,5	11,7

Nach den vorliegenden Erfahrungen wird man im allgemeinen Kohlensäurekonzentrationen bis zu $1{,}5^0/_{00}$ bedenkenlos als zulässig hinnehmen dürfen. Wie aus Zahlentafel 19 hervorgeht, wären dann für einen nichtarbeitenden Mann stündlich $20 \, m^3$, für ein junges Mädchen rund $12 \, m^3$ Frischluft erforderlich. Dieses Beispiel zeigt zugleich die Fragwürdigkeit der Zahlen, denn ein mit jungen Mädchen besetzter Raum kann unter Umständen trotz der geringeren Kohlensäureabgabe sehr viel mehr lästige Riechstoffe enthalten — das zeigen z. B. Erfahrungen in Nähräumen — als im anderen Fall, womit der Kohlensäuremaßstab seinen praktischen Wert verloren hat. Das gilt auch z. B. für Schlafsäle in Arbeiterbaracken üblicher Art. Hier geht der Gleichlauf zwischen Kohlensäurekonzentration und Gehalt der Luft an Riechstoffen vollends in die Brüche, da beim Schlafen die Abgabe der Kohlensäure fast auf den halben Wert gegenüber dem Wachzustand sinkt, während die üblichen Geruchsquellen (Körpergeruch, Ausdünstung der Arbeitskleider, -geräte usw.) unvermindert stark wirken.

Einen sehr wichtigen Anhalt für die Frischluftbemessung bietet die Forderung, daß die Temperatur und Feuchtigkeit der Luft dichtbesetzter Räume infolge der Wärme- und Wasserdampfabgabe der anwesenden Personen nicht zu hoch steigen soll. In der warmen Jahreszeit kann nach dem oben Gesagten als äußerste Behaglichkeitsgrenze eine Raumtemperatur von $24—25^\circ$ bei einer Luftfeuchtigkeit bis etwa 70, höchstens 75% gelten. BRADTKE[1] konnte unter erstmaliger Berücksichtigung des Wärmeaufnahmevermögens der Wände, das bei zeitweise belüfteten Räumen eine wesentliche Rolle spielt, zeigen, daß in einem Raum mit 2,5 bis $5{,}0 \, m^3$ Luftraum je Person diese Behaglichkeitsgrenze mit stündlicher Luftzufuhr von $20 \, m^3$ je Kopf (Luftrate) nur bis zu einer Außenluft von 22° und rund 75% Luftfeuchtigkeit eingehalten werden kann. Sind die Außenluftbedingungen ungünstiger, d. h. ist die Außenluft wärmer oder feuchter, was bei uns in den warmen Monaten an etwa 20 von 100 Tagen der Fall ist, so wird mit dieser Luftrate von $20 \, m^3$ der beabsichtigte Zustand nicht mehr voll erreicht. Aus den Berechnungen von BRADTKE folgt aber weiter, daß auch eine Vergrößerung der Luftrate auf 30 oder sogar auf $40 \, m^3$ nur noch eine geringfügige Verbesserung der Raumluft in dem angestrebten Sinn ermöglicht. Bei diesen Luftmengen liegt eben die Wirkungsgrenze für einfache Lüftungsanlagen, die nicht, wie Klimaanlagen, über eine Vorrichtung zur Kühlung und Entfeuchtung der eingeführten Frischluft verfügen.

<hr>

[1] BRADTKE: Gesdh.ing. **58**, 411 (1935).

Alle Anlagen dieser Art, deren ausschließlicher Zweck die Lufterneuerung im Raum ist, dürfen keine Nachteile aufweisen, die das thermische Wohlbehagen der Rauminsassen stören können. Der Verein Deutscher Ingenieure hat im Rahmen seines „Fachausschusses für Lüftungstechnik" Regeln für die Auftragserteilung und Abnahme von Lüftungsanlagen bei Versammlungsräumen[1] aufstellen lassen, die über die hygienischen und technischen Mindestanforderungen Aufklärung geben, denen Lüftungs- und Klimaanlagen für diese Zwecke genügen müssen.

Ein in der Gesamtwirkung einwandfreier Luftzustand wird im allgemeinen dann erwartet werden können, wenn die folgenden *Voraussetzungen* erfüllt sind:

Die Luftzufuhr je Kopf und Stunde (die Luftrate) soll mindestens 20 m³ betragen. Höhere Werte bis zu 40 m³ können erforderlich werden.

Die Luftverteilung muß so gleichmäßig sein, daß in der Aufenthaltszone der Menschen bei normaler Raumbesetzung keine größeren Unterschiede der Raumtemperatur als höchstens 2° auftreten.

Bei einer Raumtemperatur von 22° im Sommer dürfen an keiner Stelle der Aufenthaltszone höhere Katawerte als 5,5 und von 20° im Winter höhere als 6,0 gemessen werden. Damit wird erreicht, daß die Luftbewegung in der Aufenthaltszone nicht mehr als etwa 0,1—0,2 m/s beträgt.

3. Arbeits- und Betriebsräume. Es wurde schon hervorgehoben, daß es sich in diesen Räumen in ganz besonders ausgesprochener Weise sowohl um Maßnahmen zur Reinhaltung der Luft als um solche zur Verbesserung des eigentlichen Arbeitsklimas, wie schließlich um die aufeinander abgestimmte Verbindung von beidem handeln kann. Die zu stellenden Anforderungen und die technische Lösung der sich daraus ergebenden Aufgaben sind ebenso vielgestaltig, wie es verschiedenartige Räume dieser Art gibt.

Bei der einen Art von Aufgaben handelt es sich darum, die Entwärmung des an einem heißen Arbeitsplatz Beschäftigten zu unterstützen und zu fördern. Ein recht anschauliches Beispiel ist die sog. „Mannschaftskühlung in Glashütten", wo man zum Teil dazu übergegangen ist, die Ofenarbeiter unter eine regelrechte „Luftdusche" zu stellen. Auf diese Weise sollen sehr große Luftmengen an den Arbeitsplatz und den Arbeiter selbst herangebracht werden, um einmal die Kühlwirkung der bewegten Luft auszunutzen und zum anderen eine Begünstigung ihrer Entwärmung

---

[1] „Lüftungsgrundsätze" und „VDI-Lüftungsregeln". Berlin: VDI-Verlag 1937.

über die Strömung und Leitung zu erreichen. Solche Aufgaben sind nicht leicht zu lösen, zumal es sich hier um schwitzende Menschen handelt, die Abkühlungsreizen der Umgebungsluft gegenüber sehr empfindlich sein können. Temperatur, Feuchtigkeit und Stärke der Luftdusche müssen sehr genau aufeinander abgeglichen werden, wenn ungünstige Nebenwirkungen vermieden werden sollen, die übrigens in der Regel sehr schnell zur Stillegung der Einrichtung führen. Es gibt noch eine große Anzahl ähnlicher Betriebe, in denen klimatisch ungünstige Arbeitsplätze in dieser oder anderer Weise verbessert werden müssen.

Bei der zweiten Hauptart von Aufgaben handelt es sich um die große Gruppe der verschiedenen Absaugevorrichtungen, die den Übertritt von schädlichen oder explosionsfähigen Gasen, Dämpfen oder Stauben in die Raumluft verhindern müssen, die infolge des Arbeitsvorganges am Arbeitsplatz entstehen. Auch hier möge ein die Schwierigkeiten veranschaulichendes Beispiel genannt sein, wie es in der Entlüftung von Lack- und Farbspritzanlagen aller Art zur Lösung ansteht, bei denen die Bildung gesundheitsschädlicher und explosibler Lösungsmitteldampf-Luftgemische durch eine geeignete Absaugung mit Sicherheit verhindert werden muß. Solche Anlagen erfordern zwangsläufig eine sinnvolle Übereinstimmung mit der allgemeinen Raumlüftung, da die im allgemeinen sehr großen abzusaugenden Luftmengen so ersetzt werden müssen, daß kein arbeitsklimatisch ungünstiger Luftzustand entsteht. Die Luftwechselbemessung, die Entscheidung, ob der Raum als Unter- oder Überdruckgebiet auszubilden ist und dann vor allem auch die Art der Luftführung erfordert in jedem einzelnen Fall auf entsprechende Untersuchungen gegründete sorgfältige Überlegungen.

Es ist eine sichere Erfahrung, daß in Betrieben mit heißen und kalten Luftzuständen das Ausmaß der Arbeitsleistung und die Unfall-, Erkrankungs- und Sterblichkeitsziffer mit den herrschenden arbeitsklimatischen Bedingungen kausal verknüpft ist. Hochwarme und kalte Luftzustände lösen vor allem akute gesundheitliche Schädigungen aus. Chronische Schädigungen stellen sich häufig dort ein, wo plötzliche Temperaturschwankungen ertragen werden müssen oder wo der warme und schwitzende Körper plötzlich kühler Umgebungsluft ausgesetzt wird. Von dieser negativen Seite her lassen sich noch am ehesten einige Richtlinien aufstellen, denen wenigstens eine gewisse Allgemeinverbindlichkeit für eine künstliche Einflußnahme bei den untereinander ganz verschiedenen Arten von Arbeits- und Betriebsräumen zugebilligt werden kann.

Welche technische Lösung im Einzelfall gewählt wird, ist Sache des Erbauers der Anlage. Immerhin können die folgenden *Richtlinien* auf die wichtigsten Fehlermöglichkeiten aufmerksam machen. In erster Linie sind sie aber auch als Anhalt für Messungen und Beobachtungen an fertigen Anlagen gedacht, die zur Prüfung ihrer Wirkung und Zweckmäßigkeit erforderlich werden[1].

1. Die Raumluft soll möglichst frei von aufdringlichen oder lästigen Riech- und Ekelstoffen sein. Beim Eintritt in den Raum soll kein Eindruck nach verbrauchter Luft entstehen. Bei Umluftlüftung ist der Frischluftanteil so zu bemessen, daß diesen Anforderungen entsprochen wird.

2. Schädliche oder explosionsfähige Staube, Gase und Dämpfe sowie ein etwaiger Gehalt an pathogenen Luftkeimen müssen so weit aus der Raumluft entfernt werden, daß sie unterhalb der Gefährlichkeitsgrenze liegen.

3. Unter der Voraussetzung einer künstlichen Lüftung soll die je Person zur Verfügung stehende Raumgrundfläche mindestens 2,5 m², der Mindestluftraum etwa 5—6 m³ betragen.

4. Die beste Luft soll in der Aufenthaltszone des Arbeitenden vorhanden sein. Folgende Reihenfolge ist einzuhalten: Frischluft — Atmungsebene — Arbeitsplatz — Abluft, was besonders bei Absaugungen zu beachten ist.

5. Die Raumluft darf eher eine etwas zu niedrige als eine zu hohe Temperatur haben; ihr Feuchtigkeitsgehalt kann eher zu gering als zu groß sein.

6. Ein stagnierender Luftzustand ist ebenso ungünstig wie fühlbar-lästige Luftbewegungen. Zur Bewindung schwitzender Menschen sind schwach bewegte, genügend warme Luftströme, die den ganzen Körper diffus umspülen, am geeignetsten. Stärkere, warme Luftströme bewirken häufig eine zu schroffe Abtrocknung der feuchten Hautoberfläche, die lästig empfunden wird. „Zugluft" darf nicht auftreten.

7. Zeitlich und räumlich dauernd gleiche und unveränderte Temperaturzustände wirken ermüdend. In Fuß- und Kopfebene sollen die gleichen Raumlufttemperaturen herrschen. Zur Raumheizung benutzte Wärmequellen sollen einen gewissen Anteil in Form von Strahlungswärme liefern.

8. Der Luftzustand künstlich klimatisierter Räume darf nicht willkürlich große Unterschiede zur Außenluft oder zu anderen Räumen aufweisen. Sofern es sich um Räume handelt, in denen nur ein jeweils kurzer Aufenthalt in Betracht kommt, sind die Unterschiede besonders gering zu halten.

---

[1] LIESE: Gesundh.-Ing. **60**, 380 (1937).

9. Ein als zweckmäßig erkanntes und entsprechend eingestelltes Raumklima soll in den festgelegten Grenzen so lange eingehalten werden, wie die Arbeitsräume in Betrieb sind.

10. Alle Einrichtungen zur künstlichen Beeinflussung des Raumklimas einschließlich der einfachen Lüftungs- und Heizungsanlagen verlangen eine sachkundige Überwachung sowohl der technischen Einrichtungen wie des Betriebes.

Die Wichtigkeit einer zweckvollen Beeinflussung des Luftzustandes in Arbeitsräumen kann nicht besser vor Augen geführt werden als durch die Wiedergabe der kürzlich erfolgten Verlautbarung des *Reichs-* und *Preußischen Arbeitsministeriums*[1], als der höchsten staatlichen Stelle, der die Fürsorge für die Gesunderhaltung der in Arbeitsräumen tätigen Personen obliegt. Dabei wird zur Erfassung auch der einfachsten Fälle ausgeführt, daß nicht immer der Einbau einer künstlichen Lüftung erforderlich ist. In vielen Fällen wird durch eine zweckmäßige Ausgestaltung und Belegung der Arbeitsräume, durch richtige Anlage, Verteilung und Ausbildung und durch geregeltes Öffnen der Fenster sowie durch laufende Überwachung der Heizung eine gute Luft in den Arbeitsräumen zu erreichen sein. Folgende Allgemeinforderungen werden aufgestellt:

12 Lüftungsregeln.

Aufgestellt im Reichs- und Preußischen Arbeitsministerium.

1. Gute Luft in den Arbeitsräumen ist die Voraussetzung guter Arbeit; gute Luft benötigt der Mensch zum Atmen und zur Abgabe der überschüssigen Körperwärme.

2. Die Temperatur der Luft muß der Art der Arbeit angepaßt, also bei leichter Arbeit höher sein als bei schwerer. Zu warme und zu feuchte Luft erschwert die Entwärmung des Körpers. Beachte aber, daß der erhitzte Körper gegen Abkühlungseinflüsse besonders empfindlich ist.

Halte die Luft möglichst frei von üblen Riechstoffen, Staub und gesundheitsgefährlichen Gasen.

3. In vielen Fällen läßt sich eine gute Luft schon durch *natürliche Lüftung* erreichen. Bedenke, daß eine gute natürliche Lüftung stets besser ist als eine unzulängliche künstliche.

4. Ohne Temperaturunterschied zwischen Arbeitsraum und Außenluft oder ohne Winddruck gibt es keine natürliche Lüftung.

5. Der natürliche Luftwechsel ist um so stärker, je höher der Raum, je größer der Temperaturunterschied zwischen Innen- und Außenluft und je stärker der Winddruck. Hohe schmale Fenster entlüften wirksamer als niedrige breite.

6. Nimm den Luftraum je Person in der warmen Jahreszeit größer als in der kalten, weil der natürliche Luftwechsel im Sommer träger ist als im Winter. Für Werkstätten sind 12 m³ Luftraum bei Einfach- und 15 m³ bei Doppelfenstern, für Büroräume 15 oder 20 m³ als untere Grenzen bei natürlicher Lüftung anzusehen. Berechne hiernach die Belegung des Arbeitsraumes.

---

[1] Reichsarb.bl. **3**, III 118 (1937).

7. Lüfte häufig, wenn auch nur für kurze Zeit, stets jedoch in den Arbeitspausen.

8. Vermeide die Belästigung durch Zugluft, da sonst Erkältung droht. Große Räume mit geringem Luftwechsel sind günstiger als kleine Räume mit starkem Luftwechsel.

9. Bei *künstlicher Lüftung* soll ein geringer Überdruck im Raume herrschen. Absaugen allein verursacht häufig Zugbelästigungen. In Räumen dagegen, in denen unangenehme Dünste auftreten, ist ein geringer Unterdruck erwünscht, weil dadurch das Eindringen der Dünste in die Nachbarräume vermieden wird.

10. Im Winter ist die Frischluft möglichst vorgewärmt einzuführen.

11. Bedenke, daß Lüftungsanlagen nur dann von Nutzen sind, wenn sie sachgemäß bedient und überwacht werden.

12. Gute Lüftungsanlagen können nur von erfahrenen Fachleuten hergestellt werden. Wenn du nutzlose Aufwendungen vermeiden willst, übertrage Planung und Einbau von Lüftungsanlagen nur erprobten Herstellern.

V. Ermittlung und Verwertung der Abkühlungsgröße bei außenklimatischen Untersuchungen.

1. Allgemeines. Von der eigentlichen Klimakunde hat sich in den letzten Jahrzehnten eine neue Wissenschaft, die *Bioklimatologie*, abgezweigt. Sie beschäftigt sich mit den Einwirkungen verschiedener Klimabedingungen auf Mensch, Tier und Pflanze. Soweit es sich dabei um den Menschen handelt, wandte man sich in diesem Wissenschaftsgebiet sehr bald der besonders wichtigen Frage zu, wie bestimmte Klimaeinflüsse oder auch Klimaänderungen zu Erholungs- oder Heilzwecken im Dienste der Gesunderhaltung der Menschen ausgenutzt werden können. So entstanden die medizinische Klimatologie und die heute in starkem Aufschwung begriffene Kurortklimatologie. Verschiedene Kurorte und Bäder haben bereits eigene klimatologische Forschungsstellen eingerichtet, um die Besonderheiten oder Vorzüge ihres Ortsklimas feststellen zu lassen und den Arzt bei der klimatherapeutischen Behandlung der Kranken zu unterstützen. Die hierfür erforderlichen Beobachtungen erstrecken sich gewöhnlich auf die Ermittlung der wichtigsten meteorologischen Elemente, ferner der Abkühlungsgröße, der Gesamtstrahlung, der Ultraviolettstrahlung, des Staub- und Ionengehaltes der Luft und schließlich auf Bestimmungen der Luftkörper und Frontdurchgänge.

Es lag nicht im Plan dieses Buches, das sich vorwiegend mit raumklimatischen Untersuchungen befaßt, die verschiedenen außenklimatischen Beobachtungsverfahren mitzubehandeln. Bei den letzteren wird aber immer — und auch mit Recht — der Bestimmung der Abkühlungsgröße besonderer Wert beigemessen.

Es dürfte daher für manche Beobachter — wir denken dabei besonders an die Ärzte — von Nutzen sein, wenn im folgenden noch einige Richtlinien und praktische Winke für die Messung der Abkühlungsgröße im Freien und für ihre Bewertung bei der *Klimabeurteilung* eines Ortes gegeben werden.

2. Trockene und feuchte Abkühlungsgröße. Ebenso wie in einem Innenraum ist die trockene Abkühlungsgröße A_t im Freien von der Lufttemperatur, der Windgeschwindigkeit und von Strahlungseinflüssen abhängig. Bei der feuchten Abkühlungsgröße A_f tritt zu den genannten Einflüssen noch der des Wärmeinhaltes der Luft hinzu. Während bei raumklimatischen Messungen auf die Ermittlung dieser Größe in den meisten Fällen verzichtet werden kann, ist A_f bei außenklimatischen Untersuchungen insofern wichtig, als der Quotient A_f/A, wie H. LEHMANN[1] nachgewiesen hat, wertvolle Schlüsse über die auf das Katathermometer wirkende Strahlungsmenge erlaubt.

3. Wahl des Beobachtungsortes. Bei katathermometrischen Messungen im Freien ist die Wahl des Beobachtungsortes von ausschlaggebender Bedeutung für das Meßergebnis, weil Lufttemperatur, Wind und Strahlung stark von der orographischen Gestaltung des betreffenden Geländes beeinflußt werden. Je nach der Lage der Meßstelle können in dem Bereich eines Luftkurortes zu gleicher Zeit sehr verschiedene Abkühlungsgrößen festgestellt werden, was unter Umständen aber gerade für klimatherapeutische Zwecke von Wert sein kann. Im allgemeinen wird man, solange nicht mikroklimatische Unterschiede innerhalb eines bestimmten Gebietes untersucht werden sollen, die Katamessung an den Orten ausführen, wo sich die Gäste eines Kurortes oder die Kranken eines Sanatoriums am häufigsten aufzuhalten pflegen.

4. Durchführung der Messungen. An den gewählten Stellen können vier Arten von Abkühlungsgrößen bestimmt werden, und zwar:

1. die trockene Abkühlungsgröße	Gerät beschattet, jedoch unter Einwirkung der diffusen Himmelsstrahlung;
2. „ feuchte „	
3. „ trockene „	unter voller Einwirkung der Sonnenstrahlung.
4. „ feuchte „	

Da alle vier Messungen erhebliche Zeit erfordern, beschränkt man sich meist auf die Beobachtungen unter 1. und 2.; denn zwecks weiterer Ausnutzung der Abkühlungsmessung müssen gleichzeitig noch mit einem Psychrometer die Trocken- und Feuchttemperatur

---

[1] LEHMANN, HELMAR: Mikroklimatische Untersuchungen der Abkühlungsgröße in einem Waldgebiete. Veröff. Geophysik. Inst. Univ. Leipzig **7**, H. 4, 233—235 (1936).

der Luft und mit einem geeichten Schalenkreuzanemometer die mittlere Windgeschwindigkeit an der Beobachtungsstelle ermittelt werden. Wegen der Böigkeit des Windes ist die Abkühlungsgröße etwa fünfmal zu messen, um brauchbare Mittelwerte zu erhalten. Wird für die Anemometermessung eine Beobachtungszeit von 5 Minuten gewählt, so kann unterdessen die zur Mittelwertbildung notwendige Zahl von Katabeobachtungen durchgeführt werden. Auf pendelfreie Aufhängung des Katathermometers, ferner auf eine Wassertemperatur von 50—70° zur Aufwärmung des Gerätes ist besonders zu achten (S. 73). Sehr wichtig ist, daß bei der Schattenmessung keine zu weitgehende Ausschaltung der diffusen Himmelsstrahlung erfolgt, wie es z. B. bei Messungen unter dichtbelaubten Bäumen der Fall ist. Außerdem darf sich der Beobachter nicht so zum Gerät aufstellen, daß er die Windströmung hemmt oder davon ablenkt. Auch für Messungen im Freien dürfte das Quecksilber-Katathermometer geeigneter sein als das mit Alkoholfüllung, weil die höhere Wärmeleitfähigkeit des Quecksilbers zu einem schnelleren Ausgleich der Flüssigkeitstemperatur im Thermometergefäß führt.

5. Der Einfluß der Luftbewegung. Während bei Innenräumen aus der Abkühlungsgröße und Lufttemperatur die Stärke der Luftbewegung ziemlich genau errechnet werden kann, ist dieses Verfahren für Außenmessungen zu ungenau und daher nicht zu empfehlen. LEHMANN hat in seiner erwähnten Arbeit gezeigt, daß die Wärmeübergangszahl α_w durch Strömung von der Turbulenz der Luftbewegung abhängig ist. Nach ihm kann man „das Katathermometer sogar als Böigkeitsmesser verwenden". Ferner fand er noch eine Abhängigkeit von den jeweils wirksamen Luftkörpern. Je kälter das Ursprungsgebiet der Luftmasse, um so größere Werte ergeben sich für α_w.

6. Der Einfluß der Strahlung. Bei Außenmessungen mit dem trockenen Katathermometer steht das Gerät unter dem Einfluß verschiedener Strahlungswirkungen. Erstens ist immer der Wärmeaustausch durch Strahlung mit der Erdoberfläche vorhanden, zweitens ist bei beschattetem Gerät die diffuse Himmelsstrahlung wirksam und drittens tritt bei besonntem Gerät noch die Intensität der Sonnenstrahlung hinzu.

Die Wärmezufuhr durch Sonnen- und Himmelsstrahlung wirkt verzögernd auf die Abkühlung des trockenen Gerätes, und man erhält daher kleinere Abkühlungsgrößen als bei gleichen Luftverhältnissen in einem abgeschlossenen Raum. Beim feuchten Gerät dagegen wird durch die zugeführte Wärmestrahlung die Verdunstung beschleunigt und die feuchte Abkühlungsgröße infolgedessen erhöht. Hieraus ergibt sich die bereits erwähnte Tatsache, daß der Quotient A_f/A von der auf das Thermometer treffenden Strahlung stark beeinflußt wird. Die Verminderung der Abkühlungsgröße infolge der Sonnen- und Himmelsstrahlung beträgt nach LEHMANN:

$$V = k_s \cdot \left(J_D + J \cdot \frac{f}{F} \right).$$

$J_D =$ diffine Himmelsstrahlung $\quad$ mgcal/cm² · s
$\ J =$ Sonnenstrahlung $\qquad\qquad$ mgcal/cm² · s
$\ f =$ Querschnitt des Katakörpers $\ $ cm²
$F =$ Oberfläche $\qquad$,, $\qquad$,, $\qquad$ cm²
$1 - k_s =$ Albedo $\qquad$,, $\qquad$,,

Für k_s erhielt LEHMANN nach seinen Messungen den Wert 0,54. Die vom Erdboden ausgehende Wärme- oder Kältestrahlung muß einen merklichen Einfluß auf die vertikale Verteilung der Abkühlungsgröße unmittelbar über dem Erdboden[1] haben, die beispielsweise für *Liegekuren* nicht ohne Bedeutung sein dürfte. Bei derartigen Untersuchungen werden auch aus dem Unterschiede der Abkühlungsgrößen eines gewöhnlichen und eines versilberten Katathermometers wertvolle Schlüsse zu ziehen sein.

7. Zur Verwertung der Abkühlungsgröße. Da die Abkühlungsgröße die wichtigsten Klimaelemente, wie Temperatur, Wind, Strahlung und — bei Mitverwendung der feuchten Abkühlungsgröße — auch noch die Feuchtigkeit in sich vereinigt, so ist selbstverständlich, daß ihr in *bioklimatischer* Hinsicht eine viel größere Bedeutung zukommt als etwa der Temperatur oder dem Wärmeinhalt der Luft. Für den Arzt, der mit den Klimaeigenschaften seines Kurortes voll vertraut sein will, um sie bei der Behandlung der Kranken oder Erholungsbedürftigen zweckmäßig zu gebrauchen, ist die Kenntnis dieser Größe unentbehrlich.

Zumal bei Orten mit einem abwechselungsreichen Landschaftsbild dürften die mit der Abkühlungsgröße festgestellten mikroklimatischen Unterschiede, z. B. zwischen Wald und freiem Gelände oder zwischen Bergabhang und Seeufer, dem Arzt bei der „Dosierung der klimatischen Kurmittel" sehr von Nutzen sein. Er wird hiernach mit größerer Sicherheit seine Verordnungen über Ort und Zeit für Liegekuren, Luftbäder, Sonnenbäder,

---

[1] Die vertikale Verteilung der Abkühlungsgröße in der bodennahen Luftschicht muß auch für die Pflanzenklimatologie von Wichtigkeit sein, da für das Leben der Pflanzen das Klima dieser Schicht maßgebend ist (vgl. R. GEIGER: Das Klima der bodennahen Luftschicht. Braunschweig: Vieweg 1927).

Spaziergänge usw. treffen können[1]. Besonders anschaulich werden die klimatischen Besonderheiten der einzelnen Beobachtungsstellen, wenn man dafür in ein Koordinatenblatt mit den Abkühlungsgrößen als Abszissen und den Lufttemperaturen als Ordinaten Klimogramme einzeichnet (vgl. S. 96).

Betrachtet man in einem großen Gebiet wie Deutschland die klimatischen Unterschiede weit auseinander liegender Orte, z. B. eines Ortes an der *Nordsee* und eines solchen in *Mittel-* oder *Süddeutschland,* so ist es wegen der erheblichen Unterschiede der Windgeschwindigkeiten und Temperaturen nicht möglich, aus den Zahlenwerten der Abkühlungsgröße allein Schlüsse auf das Klima der Orte zu ziehen oder die Orte nach den Abkühlungsgrößen klimatisch abzustufen. Dennoch ist versucht worden, einer Skala der Abkühlungsgrößen eine solche der Klimawirkungen auf den Menschen zuzuordnen. Bekannt ist die folgende Zusammenstellung von CONRAD[2]:

Klimawirkung	Abkühlungsgröße
Unterkühlungsklima	40 mgcal^2/cm$^2 \cdot$ s
Reizstarkes Klima	30—40 ,,
Reizmildes Klima	20—30 ,,
Schonungsklima	10—20 ,,
Überhitzungsklima	10 ,,

Die Zahlen sagen schon deshalb nicht viel, weil keine Jahreszeiten angegeben sind, auf die man sie beziehen könnte. Der Sachverhalt ist doch so, daß vor allem durch die Extremwerte innerhalb eines bestimmten Zeitablaufes, z. B. eines Tages, Monats oder Jahres am sinnfälligsten die eigentliche Beanspruchung des menschlichen Wärmehaushaltes durch das Umgebungsklima zum Ausdruck kommt. Da eine Nachprüfung an Hand von Versuchswerten zur Zeit noch nicht möglich ist, sind für vier ausgewählte Orte Deutschlands München, Dresden, Wilhelmshaven und Memel die trockenen Abkühlungsgrößen nach der Formel (vgl. S. 48):

$$A = (0{,}105 + 0{,}485 \sqrt{w})\, \Theta_m$$

berechnet worden, wobei die Monatsmittel der Lufttemperatur und Windgeschwindigkeit dem Klimaatlas von Deutschland[3] entnommen wurden. Schon wegen der Anemometerhöhe von etwa 20 m und der Nichtberücksichtigung der diffusen Strahlung kann

---

[1] v. PHILIPSBORN, E.: Klimatotherapie. Deutsche Bäder, Kurorte und Seebäder in der Kurzeit 1935.

[2] Z. angew. Meteorol. **1929**, 49.

[3] Klimaatlas von Deutschland. Berlin: Dietrich Reimann 1921.

unseren Rechnungswerten natürlich keinerlei absolute, sondern
nur eine vergleichsweise brauchbare Gültigkeit zugebilligt werden.
Sie sollen nur zeigen, von welcher Größenordnung die Abkühlungswerte etwa sein werden. Die Zahlen sind in der folgenden
Zahlentafel 20 nach Monaten geordnet. Außerdem sind noch
von DORNO in Davos gemessene Schattenwerte der Abkühlungsgröße hinzugefügt, die der HILLschen Arbeit über das Katathermometer entnommen sind[1].

Zahlentafel 20.

Monat	Abkühlungsgrößen in mgcal/cm^2 · s				
	Davos	München	Dresden	Wilhelms-haven	Memel
I.	22,5	29,8	40,7	49,5	51,45
II.	—	28,9	38,8	47,2	49,4
III.	21,7	27,5	34,5	45,1	44,4
IV.	—	22,9	29,2	38,4	36,7
V.	18,6	18,8	22,5	31,6	29,3
VI.	—	16,1	19,55	25,8	24,6
VII.	14,7	14,35	18,75	22,9	22,6
VIII.	—	14,6	19,15	23,6	24,7
IX.	16,6	16,7	22,2	26,3	29,0
X.	—	20,75	26,35	34,45	36,2
XI.	20,6	25,1	34,65	42,9	44,2
XII.	—	28,6	38,9	46,5	49,2

Wie aus der Zahlentafel zu ersehen ist, ergibt sich etwa die
gleiche Abkühlungsgröße in folgenden fünf herausgegriffenen Fällen:

Ort	Davos	München	Dresden	Wilhelmshaven	Memel
Monat	Januar	April	Mai	Juli	Juli
Abkgr.	22,5	22,9	22,5	22,9	22,6

Es wird niemand einfallen, den fünf Orten, auch wenn man
das Ansteigen der Temperatur mit den Monaten berücksichtigt,
den gleichen Klimacharakter oder die gleiche Klimawirkung zuzu-
schreiben.

Ein ganz anderes Ergebnis erhält man, wenn man als Maßzahl
für die Klimawirkung das Temperaturgefühl zugrunde legt, das
ziemlich eindeutig durch die Hauttemperatur (Stirntemperatur)
zum Ausdruck gebracht wird. Nach der auf S. 58 angegebenen
Formel:

$$t_H - t_L = \frac{C \cdot \Phi^{1,85}}{A + \Phi} \qquad (\Phi = 35 - t_L)$$

[1] The Kata-Thermomometer in Studies of Body Heat and Efficiency,
S. 65. London: His Majesty's Stationary Office 1923.

kann man die Hauttemperatur annäherungsweise berechnen. Die berechneten Werte haben — worauf nochmals ausdrücklich hingewiesen sei — ebenso wie die der Abkühlungsgröße nur relative Gültigkeit. Sie werden also von der Wirklichkeit um gewisse Beträge abweichen, aber trotzdem in der Größenordnung und Reihenfolge ein im wesentlichen richtiges Bild geben. Für den Beiwert C in der Formel kann der aus den DORNOschen Messungen der Backentemperatur bei verschiedenen Lufttemperaturen und Abkühlungsgrößen sich ergebende Wert von 1,95 benutzt werden (vgl. S. 60, Abb. 25). Für die oben verglichenen fünf Orte sind bei den zugehörigen Abkühlungsgrößen von 22,5—22,9 die errechneten Backentemperaturen nachstehend zusammengestellt:

Ort.	Davos	München	Dresden	Wilhelmshaven	Memel
Monat	Januar	April	Mai	Juli	Juli
Backentemperatur .	22,7°	26,3°	28,7°	29,6°	29,9°

Die Werte der Backentemperatur liegen in der schon nach den Monaten gefühlsmäßig zu erwartenden Reihenfolge und zeigen, daß trotz gleicher Abkühlungsgröße in den fünf Fällen doch

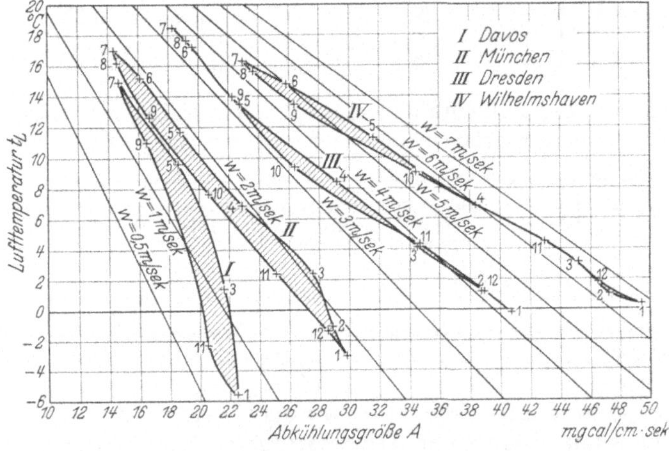

Abb. 30. Klimogramme verschiedener Orte.

merkliche Unterschiede in der Kühlwirkung auf die Haut vorhanden sind. Daraus ist zu folgern, daß mit der Hauttemperatur die physioklimatische Unterschiede verschiedener Orte, soweit es sich um Wärmewirkungen handelt, viel zuverlässiger zahlenmäßig erfaßt werden können als mit der Abkühlungsgröße.

Der praktische Wert der Abkühlungsgröße wird durch diese Feststellung keineswegs geschmälert. Nimmt man, wie es auch bei der Behaglichkeitsziffer geschieht, zur Abkühlungsgröße die Lufttemperatur hinzu und zeichnet damit *Klimogramme* auf, so erhält man sofort ein sehr anschauliches Hilfsmittel zur Klimabewertung verschiedener Orte. Als Beispiel dafür sind in Abb. 30 die Klimogramme von Davos, München, Dresden und Wilhelmshaven nach unseren Rechnungswerten dargestellt. Die Lage der Kurvenzüge, an denen die Monate mit arabischen Ziffern bezeichnet sind, läßt unmittelbar für alle Zeitpunkte des Jahres die wesentlichen klimatischen Unterschiede der Orte erkennen. Ferner ist die Abkühlungsgröße auch deswegen wertvoll, weil mit ihrer Hilfe, solange nicht Messungen der Hauttemperatur vorliegen, deren Werte mit einer für Vergleichszwecke ausreichenden Genauigkeit berechnet werden können.

Schließlich sei auch noch erwähnt, daß mit Hilfe des trocknen Katawertes einige Beziehungen abgeleitet werden können, die eine angenäherte Berechnung der *stündlichen Wärmeabgabe* des menschlichen Körpers ermöglichen, was für manche Fragen (z. B. Freiluftschulen) nützlich sein kann[1]. Auch hierbei wird die Hauttemperatur und Lufttemperatur im Zusammenhang mit den zugehörigen Abkühlungsgrößen ausgewertet.

---

[1] Vgl. SIMPSON: Some aspects of open-air education. J. of Hyg. **37**, 225 (1937).

Übersichtsplan für die Durchführung raumklimatischer Messungen.

Vorbereitende Maßnahmen.

1. Ortsbesichtigung und Beschaffung der Baupläne.
2. Festlegung der Meßstellen in den zu untersuchenden Räumen.
3. Maßstabrichtige Eintragung der Meßstellen in die Baupläne.

Messungen.

Nr.	Meßgrößen	Erforderliche Meßgeräte	Erläuterungen
1	Trockentemperatur t_L	geeichtes, strahlunggeschütztes Quecksilberthermometer, geteilt in $^1/_5{}^\circ$	—
2	Naßtemperatur t_f	Assmann - Psychrometer	—
3	relative Feuchtigkeit rel. F	Assmann - Psychrometer	rel. F ermitteln aus $t_L - t_f$ nach Zahlentafel 16 (vgl. auch S. 68)
4	Abkühlungsgröße A	trocknes Katathermometer und Stoppuhr	$A = \dfrac{\text{Eichwert } Q}{\text{Abkühlungszeit } z}$
5	Luftgeschwindigkeit w	trocknes Katathermometer, Stoppuhr, Quecksilberthermometer (wie Nr. 1)	w ermitteln aus der Abkühlungsgröße A und Lufttemperatur t_L mit Hilfe von Abb. 26
		Anemometer	w ermitteln aus der Anemometer-Eichkurve
6	Behaglichkeitsziffer B	trocknes Katathermometer, Stoppuhr, Quecksilberthermometer (wie Nr. 1)	B ermitteln aus t_L und A (Abb. 26) $B = \dfrac{t_L}{A}$
7	wirksame Strahlungstemperatur t_U	trocknes Katathermometer, versilbertes Katathermometer, Stoppuhr	t_U ermitteln aus dem Unterschied $\Delta A_S = A_G - A_S$ nach Zahlentafel 14 (vgl. S. 66)

Die Versuchsberichte müssen enthalten:

1. Angaben über Raumart und Raumbesetzung.

2. Namen der Beobachter und der Daten der Versuchstage.

3. Genaue Angaben über die Lage der Meßpunkte und die Zeitpunkte der einzelnen Messungen.

4. Angaben über die Außenluftverhältnisse. (Temperatur, Feuchtigkeit, Windrichtung und -stärke, Bewölkung.)

Sachverzeichnis.